U0132225

·好书源自精密机构·

高等职业教育“十一五”规划教材
21世纪高职高专机电类规划教材

数控加工编程与应用

主　编　王　军　王申银
副主编　朱鹏程　张玉香

华中科技大学出版社
中国·武汉

高等职业教育“十一五”规划教材

21世纪高职高专机电类规划教材

编审委员会

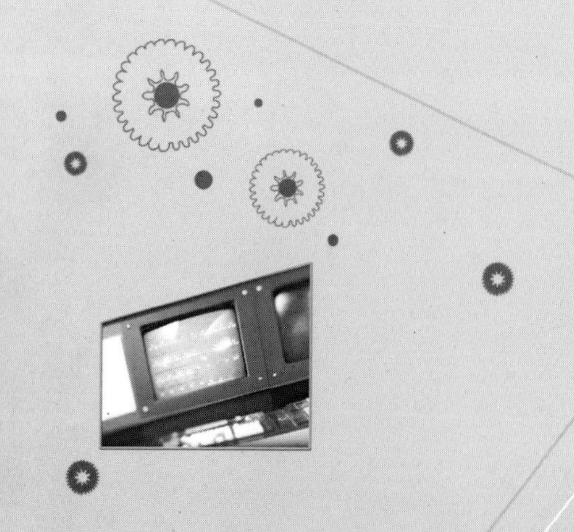

内容简介

本书属高等职业教育教材，是根据高等职业教育“理论够用，实践第一”总纲的要求，结合并参照国家相关职业技能鉴定规范及中、高级技术工种等级考核标准编写的。

全书包括：第1章数控机床的基本知识，第2章数控加工编程基础及工艺，第3章数控车床的编程与工艺，第4章数控铣床的编程与工艺，第5章加工中心的程序编制等内容。本书以FANUC和SIEMENS系统为主，将数控加工工艺和数控编程有机地结合在一起，并列举大量实例予以介绍。

本书可作为机电一体化专业、机械制造及自动化专业、模具设计与制造专业的教学用书或技能培训用书，亦适于有关读者自学。

数控技术是典型的机电一体化高新技术，数控机床具有通用性好、灵活性高、效率高、精度高、质量好的特点。随着我国社会主义市场经济的迅猛发展，各种数控机床在机械制造业的应用日益广泛，成为机械工业技术改造的首选设备。因此，培养大批数控技术高级应用型人才成为社会和企业生产的需要，也成为高职教育的责任。本书是在上述形势下，由双师型教师结合多年高职教学的实践经验，借鉴国内外数控技术的先进资料和经验组织编写。

通过对本书的学习，学生可了解数控机床的工作原理和编程方法，熟悉数控加工工艺，掌握常用数控车、铣、加工中心等加工方法的编程格式、技巧、步骤，并通过实训掌握数控机床的基本操作技能，达到学以致用的目的。综合起来，本书有以下特点。

(1) 贯彻“必需、够用”的原则。在知识内容的选择方面，以学生就业为导向，以企业用人标准为依据，以培养能力为主线，以培养生产一线的高素质劳动者和高级专门人才为目标，对数控技术知识进行整体优化，摒弃一些“繁、难、旧”的纯理论内容，加强基本技能训练的力度，不追求所谓的系统性、完整性，而选取数控加工技术最基本的概念、工作原理、常用数控加工方法的编程与工艺及大量编程实例予以介绍。

(2) 重点突出、通俗易懂。在编写方式上，本书针对数控加工技术，较全面地介绍了数控编程基础知识和数控加工工艺；在机床使用方面，以常用加工方法为主介绍；在系统使用方面，以 FANUC 和 SIEMENS 系统为主介绍；在编程方式方面，以手工编程为主介绍，并将自动编程一章另立成书。

遵从高等职业技术学院学生的认知规律，在结构安排和表达方式上，强调由浅入深、循序渐进，语言力求简练、通俗易懂，将机床说明书上难以理解的表述用最简单的语句加以说明，以使学生便于自学，体现师生互动和学生自主学习的思想。

(3) 突出实用性、综合性和先进性。本书从数控编程的总体特点到不同数控系统的具体要求，详细阐述了手工编程的步骤和方法，同时对零件的加工工艺、刀具等方面知识作了适当介绍，为便于学生更好地掌握，工艺部分不再独立成章，而是与具体的加工方法、例题结合起来，有助于学生较好掌握数控编程技术基础。另外，为突出实用性和新技术应用，本书在上述内容基础上增加了宏程序等新内容。

(4) 学、考、产结合。本书内容及难度的选择参考了国家相关职业技能鉴定规范及中、高级技术工种等级考核标准，学生在课程结束后，经过一段时间的实训，可直接参加相关的工种考试并取得职业资格证书。

本书第 1、2 章由山东济宁职业技术学院技师、副教授王申银编写，第 3 章由技师、实验师张玉香编写，第 4 章由高级工程师、副教授王军和讲师袁卫华编写，第 5 章由南山职业技术学院工程师、讲师朱鹏程和讲师姜丽军编写。所有编写教师均系双师型教师。

在此书的编写过程中，承蒙山东济宁职业技术学院有关院系领导和老师的指导和帮助，承蒙山东博特丝杠有限公司与山东矿山集团有限公司有关领导和技术人员的指导和协助，对此，我们深表感谢！

由于编者水平有限，时间仓促，书中难免存在一些缺点，恳请读者提出宝贵意见。

编　者

2008 年 11 月

目录

第 1 章　数控机床的基本知识

1.1　数控机床及其特点

1.1.1　数控机床及其发展

数字控制(numerical control,NC)技术,简称为数控技术,是利用数字指令来控制机器的动作。数控技术是为了解决复杂型面零件加工的自动化而产生的。采用数控技术的控制系统,称为数控系统。数控机床是采用了数控技术的机械设备,是通过数字化的信息对机床的运动及其加工过程进行控制,实现要求的机械动作,自动完成加工任务。数控机床是典型的机电一体化产品。

1948 年,美国帕森斯(Parsons)公司在研制加工直升飞机叶片轮廓用检查样板的机床时,提出了数控机床的设想,在麻省理工学院的协助下,于 1952 年试制成功了世界上第一台数控机床样机。后又经过三年时间的改进和自动程序编制的研究,数控机床进入实用阶段。

1959 年,美国克耐·杜列克(Keaney & Trecker)公司首次成功开发了带有自动换刀装置的加工中心(machining center,MC),它可以在一次装夹中对工件的多个平面进行多工序的加工。

20 世纪 60 年代末,出现了直接数控系统(direct numerical control,DNC),即由一台计算机直接管理和控制一群数控机床。此后,又出现了由多台数控机床连接而成的柔性制造系统(flexible manufacturing system,FMS)。

近几年,出现了以数控机床为基本加工单元的计算机集成制造系统(computer integrated manufacturing systems,CIMS),它是利用计算机通过信息集成实现现代化的生产制造,以提高企业的生产效率。

我国于 1958 年开始研制数控机床,近 50 年的发展历程大致可分为三个阶段。

第一阶段从 1958 年到 1979 年,即封闭式发展阶段。在此阶段,由于国外的技术封锁和我国的基础条件的限制,数控机床的发展较为缓慢。

第二阶段是在国家的“六五”、“七五”期间以及“八五”的前期,即引进技术、消化吸收、初步建立起国产化体系阶段。在此阶段,由于改革开放和国家的重视,以及研究开发环境和国际环境的改善,我国数控机床的研究、开发以及在产品的国产化方面都取得了长足的进步。

第三阶段是在国家的“八五”后期和“九五”期间,即实施产业化的研究、进入市场竞争的阶段。在此阶段，我国国产数控装备的产业化取得了实质性进步。航天 1 型、华中 1 型、华中-2000型等高性能数控系统，实现了高速、高精度和高效经济的加工效果，能完成高复杂度的五坐标曲面实时插补控制，可加工出较复杂的整体叶轮及复杂刀具。

随着微电子技术、计算机技术的发展，数控系统也在不断进步。近 50 年来，数控系统经历了两个阶段、六个时代的发展历程。

数控系统发展的第一个阶段称为 NC(数字逻辑控制)阶段。在这个阶段数控系统的发展经历了三个时代，即电子管时代、晶体管时代和中小规模集成电路时代。

自 1970 年小型计算机开始用于数控系统，数控技术进入发展的第二个阶段，称为 CNC (计算机数字逻辑控制)阶段，这是第四代数控系统；从 1974 年微处理器开始用于数控系统，数控系统发展到第五代。经过几年的发展，数控系统从性能到可靠性都得到了根本性的提高，自 20 世纪 70 年代末到 80 年代初，数控技术在全世界范围内得到了大规模的发展和应用，实际上迄今为止，在生产中使用的数控系统大多数都是第五代数控系统。

从 20 世纪 90 年代开始，微电子技术和计算机技术的发展突飞猛进，个人计算机即 PC 机的发展尤为突出，在软硬件以及外围器件等各个方面的进展日新月异，计算机所用芯片集成化程度越来越高，功能越来越强，而成本却越来越低，原来在大、中型计算机上才能实现的功能，现在在微型机上就可以实现。在美国首先出现了所谓在 PC 机平台上开发的数控系统，即 PC 数控系统，也就是现在说的第六代数控系统，它的特点是计算机的兼容性。

1.1.2 数控机床的特点

1. 数控机床的优点

数控机床有许多优点，因而发展很快，逐渐成为机械加工的主导机床。

(1) 加工精度高。数控机床采用程序控制，从而避免了生产者的人为操作误差，同一批加工零件的尺寸一致性好，加工质量稳定。

(2) 加工生产率高。在数控机床上使用的刀具通常是不重磨装夹式刀具，且都有很硬的表面涂层，因而切削速度较高。采用对刀仪对刀，加工中心的刀库有足够数量的刀具，自动换刀速度很快，空行程的速度在 15 m/min 以上，有的可达 240 m/min，因而辅助时间短。与普通机床相比，数控机床的生产率可提高 23 倍或更高。

(3) 对加工对象改型的适应性强。同一台机床上可适应不同品种及尺寸规格零件的自动加工，只要更换加工程序，就可改变加工零件的品种。为单件小批量零件加工及试制新产品提供了极大的便利。

(4) 减轻了操作工人的劳动强度。操作者不需要进行繁重的重复性手工操作，劳动强度大大减轻。

(5) 能加工复杂型面。数控机床可以加工普通机床难以加工的复杂型面零件。

(6) 有利于生产管理的现代化。用数控机床加工零件，能精确地估算零件的加工工时，有助于精确编制生产进度表，有利于生产管理的现代化。

数控机床使用数字信息与标准代码输入，最适宜于数字计算机联网，成为计算机辅助设计、制造及管理一体化的基础。

2. 数控机床的不足之处

数控机床的不足之处如下。

(1) 提高了初始阶段的投资。

(2) 由于系统本身的复杂性，增加了维修的技术难度和维修费用。

(3) 对操作人员的技术水平要求较高。

3. 适合数控机床加工的零件

数控机床最适合加工以下零件。

(1) 几何形状复杂的零件。从图 1.1 可以看出，数控机床非常适合加工形状复杂的零件。

(2) 多品种小批量零件。如图 1.2 所示，表明了通用机床、专用机床和数控机床加工批量与成本的关系。从图中可以看出，数控机床比较适合加工中小批量的零件。

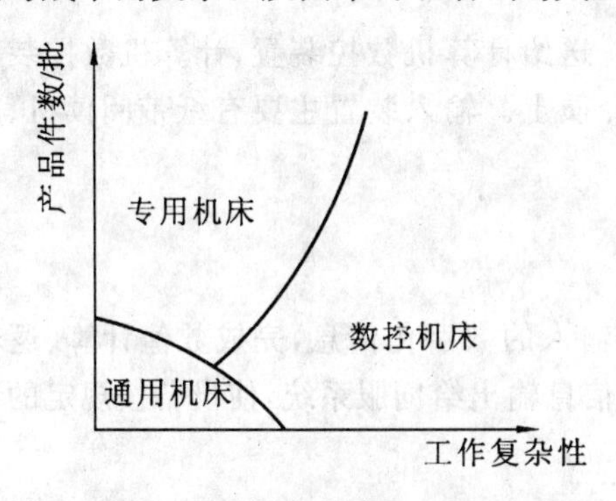

图 1.1　各种机床的使用范围

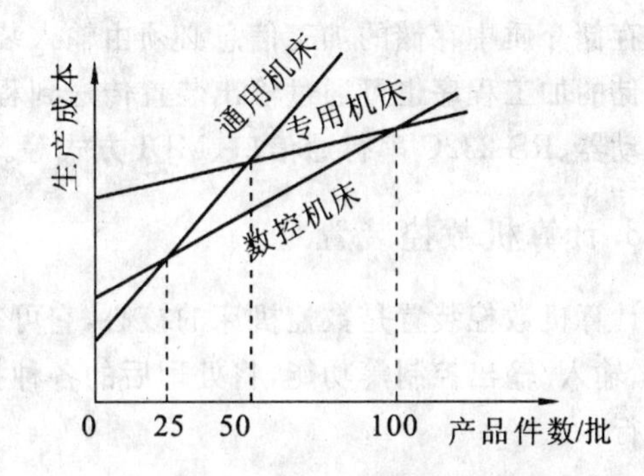

图 1.2　各种机床的加工批量与成本的关系

(3) 精度要求高的零件。数控机床特别适合加工贵重的、不允许报废的关键零件和必须严格要求公差的零件。

(4) 需要频繁改型的零件。

1.2　数控机床的基本组成

数控机床主要由数控系统和机床主体组成，如图 1.3 所示。此外数控机床还有许多辅助装置，如自动换刀装置(automatic tool changer，ATC)，自动工作台交换装置(automatic pallet changer，APC)，自动对刀装置，自动排屑装置及电、液、气、冷却、防护、润滑等装置。数控系统包括程序及载体、输入/输出装置、计算机数控装置(CNC)、伺服驱动系统等。

1. 程序及载体

用数控机床加工零件之前，首先要根据零件图纸上的要求制定合理的加工工艺，然后编制加工程序。将零件加工程序以一定的格式和代码存储在一种载体上，如穿孔纸带、软磁盘或录音磁带等，通过数控机床的输入装置，将程序输入到数控装置内。

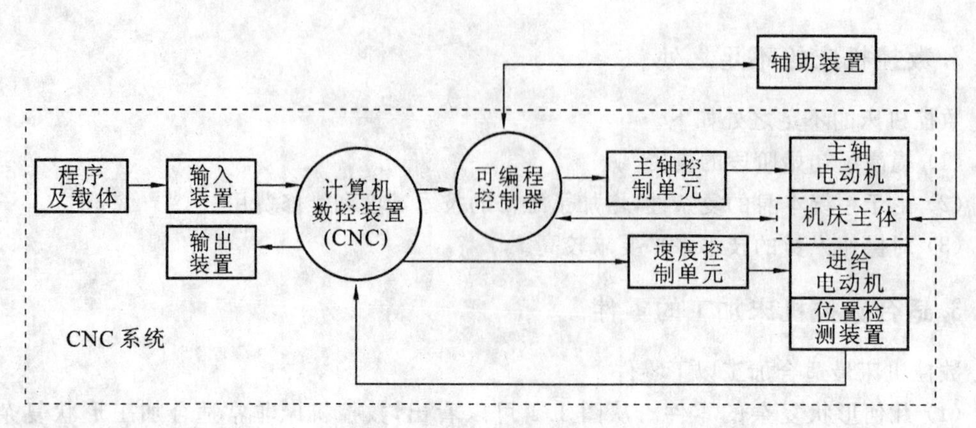

图 1.3　数控机床的组成

2. 输入/输出装置

存储介质中存储的加工信息必须由输入装置输送给计算机数控装置，计算机数控装置中存储的加工程序也可通过输出装置传送到程序介质上。输入装置主要有纸带阅读机、软盘驱动器、RS-232C 串行通信口、MDI 方式等。

3. 计算机数控装置

计算机数控装置是数控机床的核心，它可根据输入的数字化信息，完成数值计算、逻辑判断、输入/输出控制等功能，将处理后的各种指令信息输出给伺服系统，使设备按规定的动作执行。

4. 伺服驱动系统

伺服驱动系统的作用是把来自计算机数控装置的指令信息，经功率放大后严格按照指令信息的要求驱动机床移动部件的运动，以加工出符合要求的零件。因此，它的伺服精度和动态响应是影响数控机床的加工精度、表面质量和生产率等指标的重要因素之一。常用的伺服驱动元件有直流伺服电动机、交流伺服电动机、电液伺服电动机等。

5. 检测装置

检测装置的作用是将数控机床各坐标轴的实际位移值检测出来，并经反馈系统输送到机床的计算机数控装置中，计算机数控装置对反馈来的实际位移值与设定值相比较，计算出实际位置与指令位置之间的偏差，并发出指令，纠正所产生的误差。检测元件从检测方式上可分为直接测量和间接测量，在数控机床中常采用的直接测量元件有光栅和直线感应同步器，常采用的间接测量元件有光电编码器和旋转变压器。

6. 机床主体

数控机床的主体包括床身、立柱、工作台、主运动机构和进给运动机构等机械部件。主体结构的特点是结构刚度和抗振性性能高，热变形小，传动链短，具有更高的传动精度，且可实现无级变速。

1.3　数控机床的分类

数控机床的品种规格繁多，品种已达数千种，结构、功能也各具特色，归纳起来可以用下面的几种方法来分类。

1.3.1　按工艺用途分类

按工艺用途分类大致如下：

① 数控车床(含有铣削功能的车削中心)；
② 数控铣床(含铣削中心)；
③ 数控镗床；
④ 以铣镗削为主的加工中心；
⑤ 数控磨床(含磨削中心)；
⑥ 数控钻床(含钻削中心)；
⑦ 数控拉床；
⑧ 数控刨床；
⑨ 数控切断机床；
⑩ 数控齿轮加工机床；
⑪ 数控激光加工机床；
⑫ 数控电火花切割机床(含电加工中心)；
⑬ 数控板材成型加工机床；
⑭ 数控管料成型加工机床；
⑮ 其他数控机床(如三坐标测量机等)。

1.3.2　按运动方式分类

1. 点位控制数控机床

这类数控机床只控制刀具相对工件从某一加工点移到另一个加工点之间的精确坐标位置。而对于点与点之间移动的轨迹不进行控制，且移动过程中不作任何加工。通常采用这一类型的数控机床有数控钻床、数控坐标镗床、数控冲剪床等，图 1.4 表示数控钻床的刀具运动。

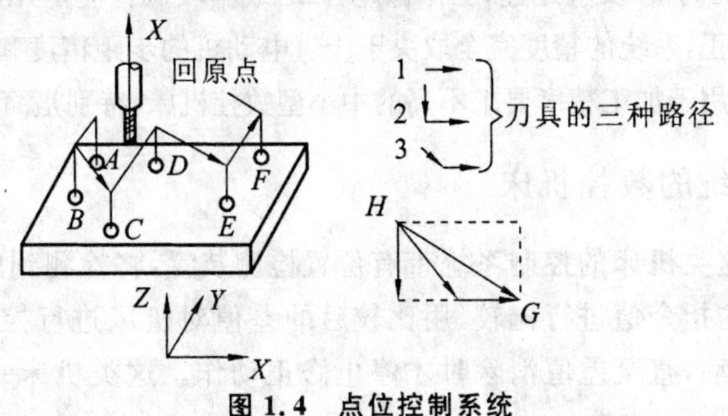

图 1.4　点位控制系统

2. 直线控制数控机床

这类数控机床不仅要控制点与点的精确位置，还要控制两点之间的移动轨迹是一条直线，且在移动过程中按给定的进给速度进行加工。采用这种类型的数控机床有数控车床、数控铣床等。

3. 连续控制数控机床

这类机床的控制系统又称为轮廓控制系统或轨迹控制系统。这类系统能够对两个或两个以上坐标方向进行严格控制，它不仅控制每个坐标的行程位置，同时还控制每个坐标的运动速度。各坐标的运动按规定的比例关系相互配合，精确地协调起来连续进行加工，以形成所需要的直线、斜线或曲线、曲面，如图 1.5 所示。采用此类控制方式的数控机床有数控车床、数控铣床、加工中心、电加工机床、特种加工机床等。

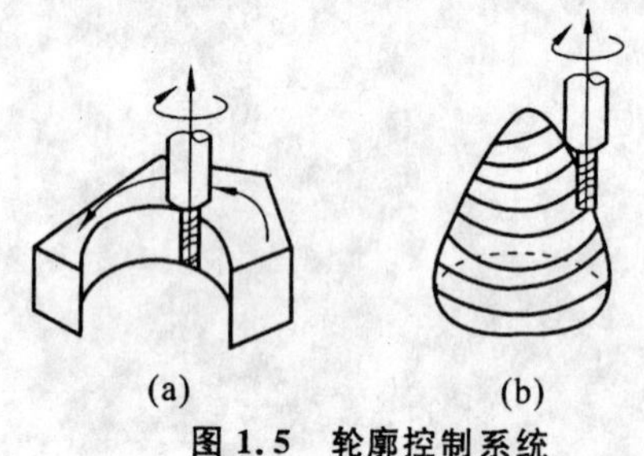

图 1.5　轮廓控制系统

1.3.3　按控制原理分类

1. 开环控制系统的数控机床

这类机床的控制系统没有位置检测装置，即不能将位移的实际值反馈后与指令值进行比较修正，通常使用功率步进电动机作为执行元件，系统控制信号的流程是单向的。开环控制系统的原理如图 1.6 所示。

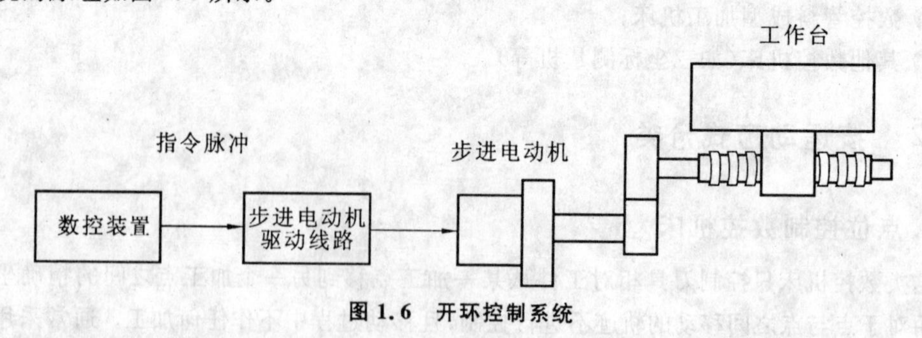

图 1.6　开环控制系统

开环控制系统结构简单，反应迅速，工作稳定可靠，成本较低。但是，由于系统没有位置反馈装置，不能进行误差校正，系统的精度完全取决于步进电动机的步距精度和机械传动的精度。因此，开环数控系统仅适用于加工精度要求不高的中小型数控机床，特别是简易经济型数控机床。

2. 闭环控制系统的数控机床

如图 1.7 所示，这类机床的控制系统带有位置检测装置，将检测到的实际位移值反馈到数控装置中，与输入的指令值进行比较，用比较后的差值对机床进行控制，使移动部件按照实际需要的位移量运动，直至差值消除时才停止修正动作。这类机床一般采用直流伺服电

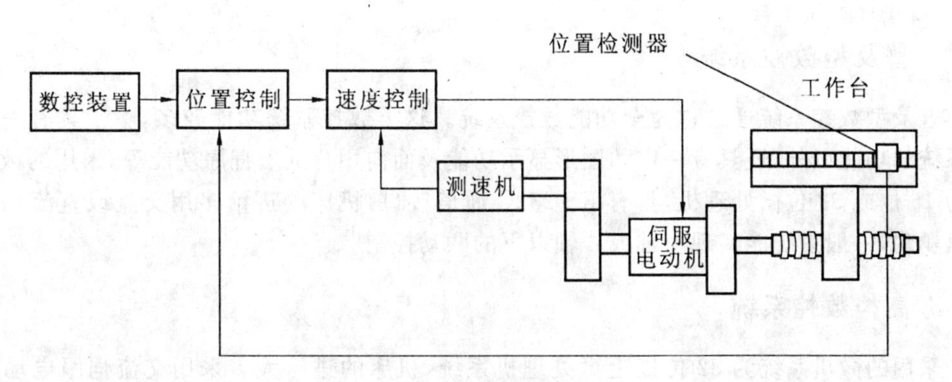

图 1.7　闭环控制系统

动机或交流伺服电动机驱动。位置检测元件有直线光栅、磁栅、同步感应器等。

该类数控机床加工精度高、速度快，对机床的结构以及传动链提出了比较严格的要求，由于传动系统的刚性不足及间隙的存在、导轨的爬行等各种因素将增加调试的困难，甚至会使数控机床的伺服系统产生振荡。

3. 半闭环控制系统的数控机床

这类数控机床的控制系统的控制原理如图 1.8 所示。它与闭环控制系统的不同之处在于，将检测元件装在传动链的旋转部位，如安装在驱动电动机的端部或传动丝杠的端部。它所检测得到的不是工作台的实际位移量，而是与位移量有关的旋转轴的转角量，能自动进行位置检测和误差比较，可对部分误差进行补偿控制，故其精度比闭环系统稍差，比开环伺服系统要高。由于这种系统结构简单，便于调整，检测元件价格也较低，因而是广泛使用的一种数控系统。

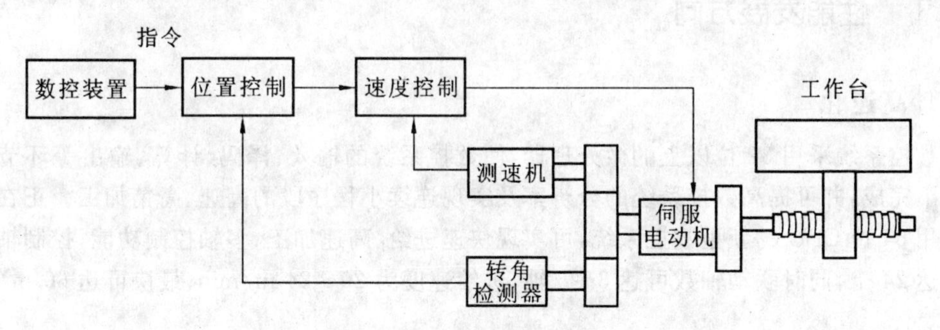

图 1.8　半闭环控制系统

1.3.4　按数控系统类型分类

1. 经济型数控系统

经济型数控系统又称简易数控系统。这一档次的数控机床仅能满足一般精度要求的加工，能加工形状较简单的直线、斜线、圆弧及带螺纹的零件，采用的微机系统为单板机或单片机系统，具有数码显示和 CRT 字符显示功能，机床进给由步进电动机实现开环驱动，控制的轴数和联动的轴数在 3 轴或 3 轴以下。

2. 普及型数控系统

普及型数控系统通常称为全功能数控系统。这类数控系统功能较多,除了具有一般数控系统的功能以外,还具有一定的图形显示功能及面向用户的宏程序功能等,采用的微机系统为 16 位或 32 位微处理机,具有 RS-232C 通信接口,机床的进给多用交流或直流伺服电动机驱动,一般系统能实现 4 轴或 4 轴以下的联动控制。

3. 高档数控系统

采用的微机系统为 32 位以上微处理机系统,机床的进给大多采用交流伺服电动机驱动,除了具有一般数控系统的功能以外,应该至少能实现 5 轴或 5 轴以上的联动控制。具有三维动画图形功能和宜人的图形用户界面,同时还具有丰富的刀具管理功能、宽调速主轴系统、多功能智能化监控系统和面向用户的宏程序功能,还有很强的智能诊断和智能工艺数据库,能实现加工条件的自动设定,且能实现与计算机的联网和通信。

4. 基于 PC 的开放式数控系统

用通用微机技术开发数控系统可以得到强有力的硬件与软件支持,这些软件和硬件的技术是开放式的,此时的通用微机除了具备本身的功能外,还具备了全功能数控系统的所有功能。

1.4 数控技术的发展

1.4.1 性能发展方向

1. 高速化

数控系统采用 32 位以上的微处理器,使数控系统的输入、译码、计算、输出等环节都在高速下完成,并可提高数控系统的分辨率及实现连续小程序段的高速、高精加工。正在开发的采用 64 位 CPU 的新型数控系统,可实现快速进给、高速加工、多轴控制功能,控制轴数最多可达 24 个,同时联动轴数可达 3~6 轴,进给速度为 20~24 m/min,最快可达 60 m/min。

2. 高精度化

科学技术的发展促使数控机床的精度不断提高。数控机床的精度主要体现在定位精度和重复定位精度。新型、高速、多功能的数控系统,其分辨率可达 0.1 μm,有的可达 0.01 μm,实现了高精度加工。伺服系统采用前馈控制技术、高分辨率的位置检测元件、计算机的补偿功能等,保证了数控机床的高精度加工。

3. 柔性化

柔性化包含两个方面:一是数控系统本身的柔性,数控系统采用模块化设计,功能覆盖面大,可裁剪性强,便于满足不同用户的需求;二是群控系统的柔性,同一群控系统能依据不同生产流程的要求,使物料流和信息流自动进行动态调整,从而最大限度地发挥群控系统的效能。

4. 智能化

实时系统通常针对相对简单的理想环境，其作用是如何调度任务，以确保任务在规定期限内完成，而人工智能则试图用计算模型实现人类的各种智能行为。随着科学技术的发展，实时系统和人工智能相互结合，人工智能正向着具有实时响应的、更现实的领域发展，而实时系统也朝着具有智能行为的、更加复杂的应用发展，由此产生了实时智能控制这一新的领域。在数控技术领域，实时智能控制的研究和应用正沿着几个主要分支发展：自适应控制、模糊控制、神经网络控制、专家控制、学习控制、前馈控制等。例如，在数控系统中配备编程专家系统、故障诊断专家系统、参数自动设定和刀具自动管理及补偿等自适应调节系统，在高速加工时的综合运动控制中引入提前预测和预算功能、动态前馈功能，在压力、温度、位置、速度控制等方面采用模糊控制，使数控系统的控制性能大大提高，从而达到最佳控制的目的。

5. 工艺复合性和多轴化

以减少工序、辅助时间为主要目的的复合加工，正朝着多轴、多系统控制功能方向发展。数控机床的工艺复合化是指工件在一台机床上一次装夹后，通过自动换刀、旋转主轴头或转台等各种措施，完成多工序、多表面的复合加工。

1.4.2 功能发展方向

1. 科学计算可视化

科学计算可视化可用于高效处理数据和解释数据，使信息交流不再局限于用文字和语言表达，而可以直接使用图形、图像、动画等可视信息。可视化技术与虚拟环境技术相结合，进一步拓宽了应用领域，如无图纸设计、虚拟样机技术等，这对缩短产品设计周期、提高产品质量、降低产品成本具有重要意义。在数控技术领域，可视化技术可用于CAD/CAM，如自动编程设计、参数自动设定、刀具补偿和刀具管理数据的动态处理和显示，以及加工过程的可视化仿真演示等。

2. 插补和补偿方式多样化

多种插补方式，如直线插补、圆弧插补、圆柱插补、空间椭圆曲面插补、螺纹插补、极坐标插补、2D+2螺旋插补、NANO插补、NURBS插补（非均匀有理B样条插补）、样条插补（A、B、C样条）、多项式插补等。多种补偿功能，如间隙补偿、垂直度补偿、象限误差补偿、螺距和测量系统的误差补偿、与速度相关的前馈补偿、温度补偿、带平滑接近和退出以及相反点计算的刀具半径补偿等。

3. 内装高性能PLC

数控系统内装高性能PLC控制模块，可直接用梯形图或高级语言编程，具有直观的在线调试和在线帮助功能。编程工具中包含用于车床、铣床的标准PLC用户程序实例，用户可在标准PLC用户程序基础上进行编辑修改，从而方便地建立自己的应用程序。

4. 用户界面图形化

用户界面是数控系统与使用者之间的对话接口。由于不同用户对界面的要求不同，因而开发用户界面的工作量极大，用户界面成为计算机软件研制中最困难的部分之一。当前Internet、虚拟现实、科学计算可视化及多媒体等技术也对用户界面提出了更高要求。图形用户界面极大地方便了非专业用户的使用，人们可以通过窗口和菜单进行操作，便于蓝图编程和快速编程、三维彩色立体动态图形显示、图形模拟、图形动态跟踪和仿真、不同方向的视图和局部显示及比例缩放等功能的实现。

5. 基于 CAD 和 CAM 的数控编程自动化

随着计算机应用技术的发展，目前 CAD/CAM 图形交互式自动编程已得到较多的应用，是数控技术发展的新趋势。它是利用 CAD 绘制的零件加工图样，经计算机内的刀具轨迹数据进行计算和后置处理，从而自动生成数控机床零部件加工程序，以实现 CAD 与 CAM 的集成。随着 CIMS 技术的发展，当前又出现了 CAD/CAPP/CAM 集成的全自动编程方式，其编程所需的加工工艺参数不必由人工参与，可直接从系统内的 CAPP 数据库获得，从而推动了数控机床系统自动化的进一步发展。

6. 多媒体技术应用

多媒体技术集计算机、声音、图像和通信技术于一体，使计算机具有综合处理声音、文字、图像和视频信息的能力。在数控技术领域，应用多媒体技术可以做到信息处理综合化、智能化，在实时监控系统和生产现场设备的故障诊断、生产过程参数监测等方面有着重大的应用价值。

7. 智能化新一代 PCNC 数控系统

当前开发研究适应于复杂制造过程的、具有闭环控制体系结构的、智能化新一代 PCNC 数控系统已成为可能，智能化新一代 PCNC 数控系统将计算机智能技术、网络技术、CAD/CAM、伺服控制、自适应控制、动态数据管理及动态刀具补偿、动态仿真等高新技术融于一体，形成严密的制造过程闭环控制体系。

思考与练习题

1-1　什么是数控技术?

1-2　数控机床有哪些优点和不足之处?

1-3　数控机床多用于什么场合?

1-4　数控机床的组成与工作原理如何?

1-5　什么是点位控制、点位直线控制、轮廓控制机床？各有何特点?

1-6　何谓开环、闭环和半闭环控制数控机床？各有何特点?

1-7　数控技术发展的趋势怎样?

1-8　NC、CNC、ATC、APC、FMS、CIMS 的含义是什么?

第2章 数控加工编程基础及工艺

2.1 数控编程的步骤和方法

数控机床是一种高效的自动化加工设备。理想的数控程序不仅应该保证加工出符合零件图样要求的合格工件,还应该使数控机床的功能得到合理的应用与充分的发挥,使数控机床能安全、可靠、高效的工作。因此,必须将所要加工零件的全部信息,包括工艺过程、刀具运动轨迹及方向、位移量、工艺参数(主轴转速、进给量、切削深度)以及辅助动作等按加工顺序用数控代码和规定的程序格式正确地编制出加工程序。

2.1.1 加工程序编制的概念

加工程序编制,就是将零件的工艺过程、工艺参数(主运动和进给运动速度、切削深度等)、工件与刀具相对运动轨迹的尺寸数据及其他辅助动作(换刀、冷却、工件的松夹等),按运动顺序和所用数控系统规定的指令代码及程序格式编成加工程序单,再将程序单中的全部内容记录在控制介质(如穿孔纸带、磁带、磁盘等)上,然后输送给数控装置,从而指挥数控设备运动。这种从零件图纸到编制零件加工程序和制作控制介质的全部过程,称为数控加工的程序编制。

2.1.2 加工程序编制的内容和步骤

数控加工编程的一般步骤如图 2.1 所示。

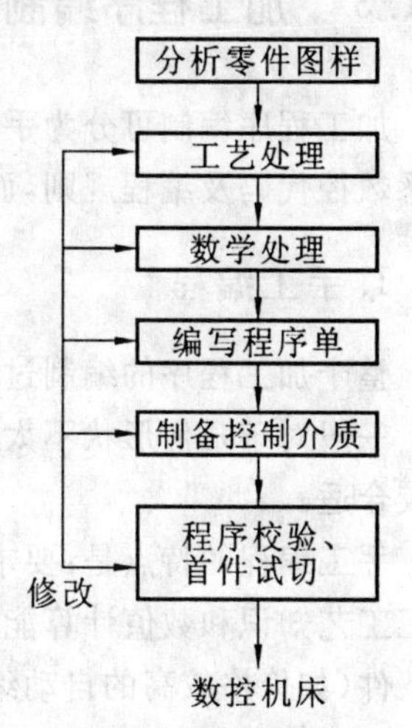

图 2.1 数控加工编程的一般步骤

1. 工艺处理

数控编程的首要任务是全面细致地分析零件图样。根据零件图样的技术要求,明确加工内容及技术要求,并在此基础上确定零件的加工方式和加工路线。

在分析零件图样的基础上,考虑工件的装夹、对刀点的选择、加工工序划分、确定切削用量及刀具,确定工艺参数(主轴转速、进给速度、换刀及冷却润滑等)。

2. 数学处理

完成工艺处理后，即可进行数学处理。根据零件的几何尺寸、加工路线和所设定的坐标系来计算刀具运动轨迹的坐标值，以获得刀位的数据。诸如几何元素的起点、终点、圆弧的圆心、几何元素的交点或切点等坐标尺寸，有时还包括由这些数据转化而来的刀具中心轨迹的坐标尺寸，并按脉冲当量（或最小设定单位）转换成相应的数字量，以这些坐标值作为编程的尺寸。

3. 编写零件加工程序单及初步校验

根据所确定的各项工艺内容和计算出的运动轨迹的坐标值，再考虑某些辅助工艺处理，按照数控系统规定使用的程序指令和程序格式，逐段编写零件加工程序单，并需校核，检查前两个步骤中的错误。

4. 制备控制介质及程序校验

将程序单上的内容记录在控制介质上，作为数控装置的输入信息（若程序较简单，也可直接将其通过键盘输入）。所制备的控制介质必须经过进一步的校验才能用于正式加工。在具有图形显示的机床上可以用图形的静态显示（在机床闭锁的状态下形成的运动轨迹）或动态显示（模拟刀具和工件的加工过程）来检验其正确性，很方便。但这种方法只能检查运动轨迹的正确性，无法检查工件的加工误差。采用首件试切方法不仅可查出程序单和控制介质是否有误，还可知道加工精度是否符合要求。常用的方法是，将控制介质上的内容输入数控装置进行机床的空运转检查。对平面轮廓零件，可以在机床上用笔代替刀具、坐标纸代替工件进行运行绘图；对空间曲面零件，可用木料或塑料工件进行试切削，以此完成校验工作。

经校验，若发现程序中有错误，则应回到工艺处理等阶段，及时修改程序，并再次校验，直到程序能正确无误地加工出所要求的零件为止。

经过上述过程，一个零件的数控加工程序的编制工作也就完成了，可以进行实际加工了。

2.1.3 加工程序编制的方法

加工程序编制可分为手工编程和计算机自动编程两类。手工编程要求编程人员不仅要熟悉数控代码及编程规则，而且必须具备机械加工工艺知识和数值计算能力。

1. 手工编程

整个加工程序的编制过程主要由人工完成的编程方法称为手工编程，如图 2.2 所示。

一般对于几何形状不太复杂的零件，所需的加工程序不长，计算比较简单，用手工编程比较合适。

手工编程的特点是：要求编程人员不仅要熟悉数控代码及编程规则，而且必须具备机械加工工艺知识和数值计算能力，加工形状较简单的零件时，非常快捷简便；不需要具备特别的条件（如价格较高的自动编程机及相应的硬件和软件等）；机床操作者不受特别条件的制约；具有较大的灵活性和编程费用少等。但在进行复杂零件加工时，耗费时间较长，容易出

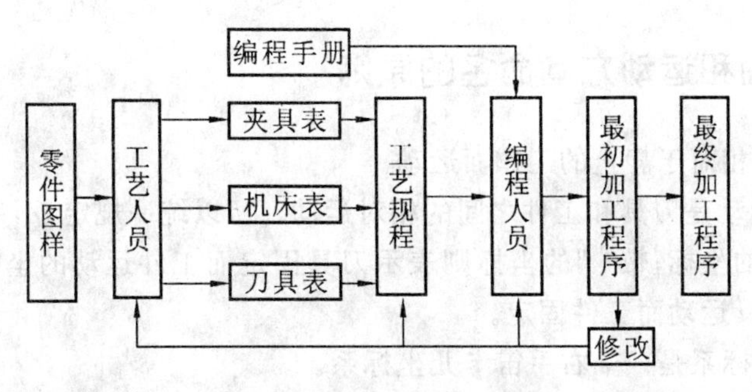

图 2.2　手工编程框图

现错误，此时需采用计算机自动编程。

2. 计算机自动编程

采用计算机自动编程时，编程人员要根据零件图纸的要求，按照某个自动编程系统的规定，编写一个零件源程序，送入编程计算机，由计算机自动进行程序编制，编程系统能自动打印出程序单和制备控制介质。

采用计算机自动编程时，数学处理、编写程序、检验程序等工作是由计算机自动完成的，由于计算机可自动绘制出刀具中心运动轨迹，使编程人员可及时检查程序是否正确，需要时可及时修改，以获得正确的程序。又由于计算机自动编程代替程序编制人员完成了烦琐的数值计算，可提高编程效率几十倍乃至上百倍，因此解决了手工编程无法解决的许多复杂零件的程序编制。

因此，自动编程的特点是：既可减轻劳动强度，缩短编程时间，提高工作效率，又可减少差错，可靠地解决复杂形状零件的编程难题。

根据输入方式的不同，可将自动编程分为图形数控自动编程、语言数控自动编程和语音数控自动编程等。图形数控自动编程是指将零件的图形信息直接输入计算机，通过自动编程软件的处理，得到数控加工程序。它通常以机械计算机辅助设计(CAD)为基础，利用 CAD 软件的图形编辑功能将零件的几何图形绘制到计算机上形成零件的图形文件，然后调用数控编程模块，采用人机交互的方式在计算机屏幕上指定被加工的部位，输入加工参数，计算机便可自动进行数学处理并编制数控加工程序。

目前，图形数控自动编程是使用最为广泛的自动编程方式。语言数控自动编程指将加工零件的几何尺寸、工艺要求、切削参数及辅助信息等用数控语言编写成源程序后，输入到计算机中，再由计算机进一步处理得到零件加工程序。语音数控自动编程是采用语音识别器，将编程人员发出的加工指令声音转变为加工程序。

2.2　数控机床的坐标系

数控机床的坐标系是一个十分重要的问题。每一个数控机床的编程员和操作者都必须对其有一个统一正确的理解，这样将给程序编制和使用维护带来极大的便利，保证机床运动的正确性。否则，程序编制将发生混乱，操作时会发生事故。

2.2.1 坐标轴和运动方向命名的原则

(1) 假定刀具相对于静止的工作面运动。

由于机床的运动是刀具和工件之间的相对运动。所以统一规定:不带“′”的坐标表示工件固定、刀具运动的坐标;带“′”的坐标则表示刀具固定而工件运动的坐标。当运动件未确定时,都先假定刀具运动而工件固定。

(2) 标准的坐标系是一个右手笛卡儿坐标系。

机床的每一个直线进给运动或圆周进给运动都定义一个坐标轴。规定对应直线运动的直角坐标系用 X、Y、Z 表示,常称基本坐标系。X、Y、Z 轴的相互关系用右手定则确定,如图 2.3 所示。图中,大拇指的指向为 X 轴的正方向,食指指向为 Y 轴的正方向,中指指向为 Z 轴的正方向。

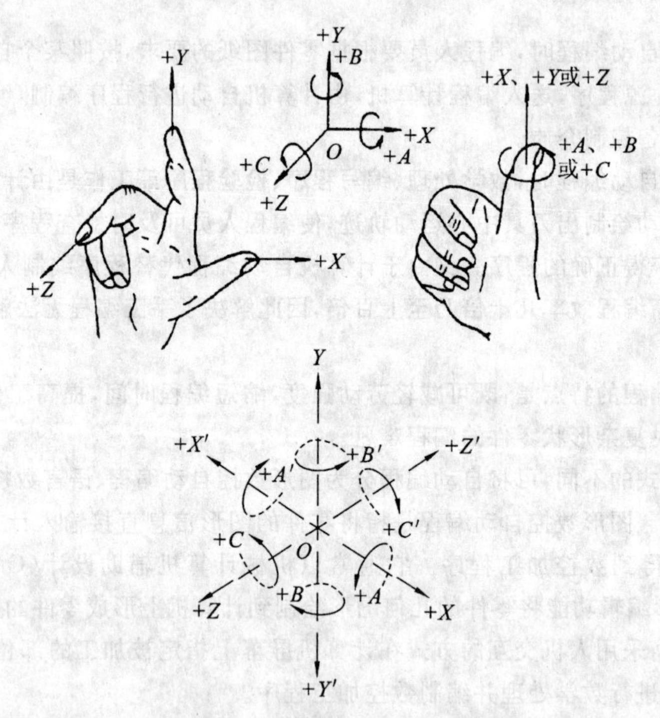

图 2.3 右手笛卡儿坐标系

(3) 刀具远离工件的方向为坐标系的正方向。

(4) 机床主轴旋转运动的正方向是按照右旋螺纹进入工件的方向。

围绕 X、Y、Z 轴旋转的圆周进给坐标轴分别用 A、B、C 表示。根据右手螺旋法则,当大拇指分别指向 $+X$、$+Y$、$+Z$ 方向时,自然弯曲的四指所指的方向是圆周进给运动的 $+A$、$+B$、$+C$ 方向。根据相对运动的关系,可知有:

$$+X=-X',\quad +Y=-Y',\quad +Z=-Z'$$
$$+A=-A',\quad +B=-B',\quad +C=-C'$$

(5) 除基本坐标系 X、Y、Z 外,若有第二组平行于它们的坐标运动时用 U、V、W 或 P、Q、R 表示。这些附加坐标系的运动方向,可按确定基本坐标系运动方向的方法来确定。

2.2.2　机床坐标轴的规定

1. Z 轴

规定平行于主轴轴线的坐标轴为 Z 轴，Z 轴的正方向是刀具远离工件的方向。若没有主轴(如牛头刨床)，则 Z 轴垂直于工件装夹面；如果机床上有几根主轴，可选垂直于工件装夹面的一根主轴作为主要主轴，Z 坐标则平行于主要主轴的轴线。

2. X 轴

X 轴是水平的，它平行于工件的装夹面。在没有回转轴或回转工件的机床上(如刨床)，X 轴平行于主要进给方向，并以该方向为 X 轴的正方向。

在刀具旋转的机床上(如铣床、镗床等)，若 Z 轴是水平的，则从刀具(主轴)向工件看时，X 轴的正方向指向右边；若 Z 轴是垂直的，则从主轴向立柱看时，对于单立柱机床，X 轴的正方向指向右边，对于双立柱机床，当从主轴向左侧立柱看时，X 轴的正方向指向右边。

在工件旋转的机床上(如车床、磨床等)，X 轴的运动方向是在工件的径向并平行于横向拖板，刀具离开工件旋转中心的方向是 X 轴的正方向。

3. Y 轴

在确定了 X、Z 轴的正方向后，可按照图 2.3 所示右手笛卡儿坐标系来确定 Y 轴的正方向。

2.2.3　机床坐标系的确定方法

一般先确定 Z 轴，因为它是传递切削动力的主要轴线，再按规定确定 X 轴，最后用右手笛卡儿法则确定 Y 轴。

图 2.4～图 2.9 所示为不同类型的机床坐标系简图，图中字母表示运动的坐标，箭头表示正方向，带“′”的字母表示刀具固定工件运动坐标。

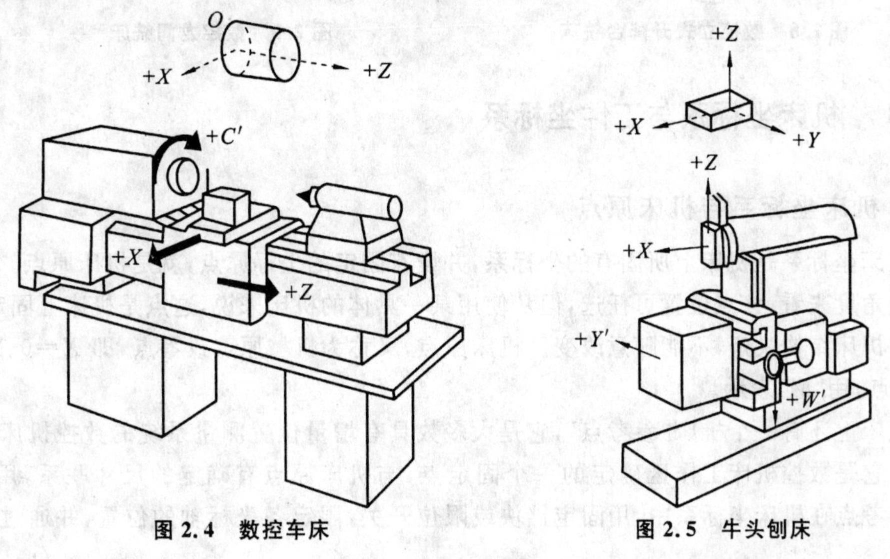

图 2.4　数控车床　　　图 2.5　牛头刨床

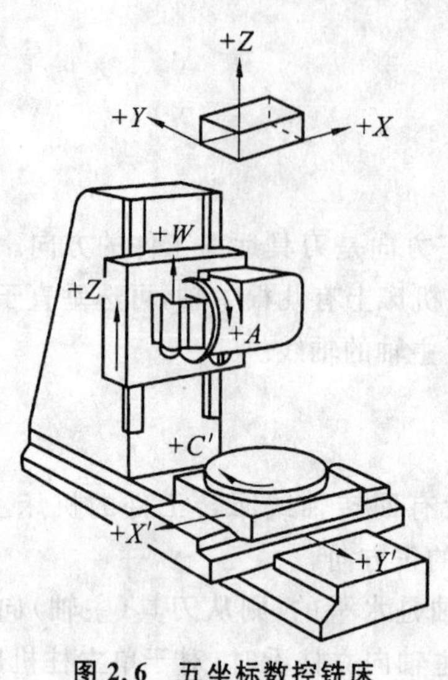

图 2.6　五坐标数控铣床

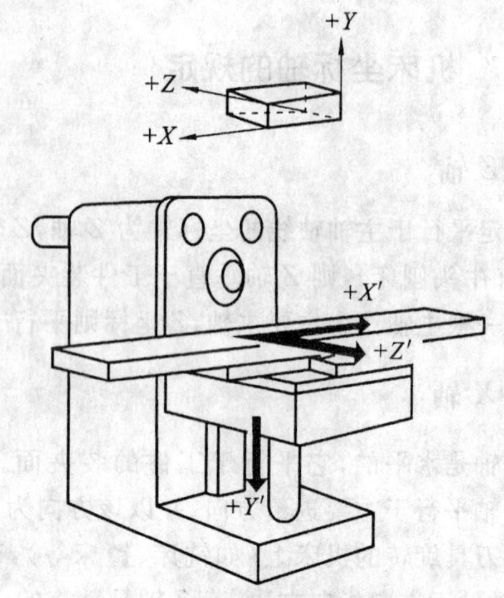

图 2.7　数控卧式升降台铣床

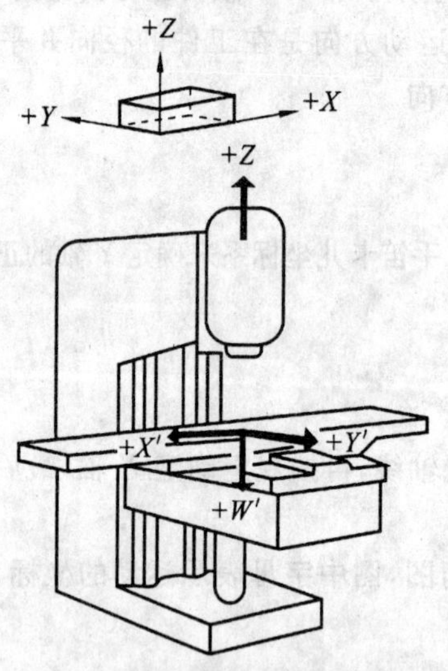

图 2.8　数控立式升降台铣床

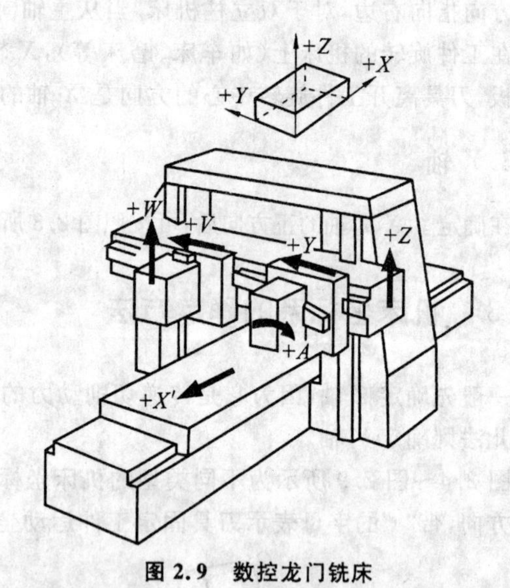

图 2.9　数控龙门铣床

2.2.4　机床坐标系与工件坐标系

1. 机床坐标系与机床原点

机床坐标系是机床上所固有的坐标系，并设有固定的坐标原点，就是机床原点。从机床设计的角度来看，该点位置可任选，但从使用某一具体的机床来说，这点是机床上固定的点，主要由机床结构决定，不能随意改变。机床原点，又称为机械原点或零点，即 $X=0$、$Y=0$、$Z=0$ 的点，用“M”表示。

机床上还有一个机床“参考点”，它是大多数具有增量位置测量系统的数控机床必须具有的。它是数控机床工作区确定的一个固定点，与机床原点有确定的尺寸联系，用“R”表示。参考点在机床坐标系中，用固定挡块或限位开关，限定各坐标轴的位置，并通过精确测

量来指定参考点到机床原点的位置，这样的参考点称为硬参考点。机床每次通电后都要有返回参考点的动作，数控装置通过参考点确认出机床原点的位置，建立机床坐标系。参考点的位置也可以通过调整固定挡块或限位开关的位置改变，但改变后必须重新精确测量并修改机床参数。有些数控机床的参考点不用固定挡块或限位开关，它是通过刀具在机床坐标系的位置设定的，这样的参考点又称为软参考点。软参考点可以根据加工不同零件而变化，但是在加工同一零件时，软参考点的位置不能改变。

2. 工件坐标系与工件原点

编程时为了方便，编程人员经常在零件图纸上适当选定一个编程原点，即程序原点，并以这个原点作为坐标系的原点，再建立一个新的坐标系，称为工件坐标系或编程坐标系。此原点又称为工件原点，编程时的坐标值都按工件坐标系中的尺寸确定。

在加工时，工件随夹具在机床上安装后，可通过测量某些基准面、线之间的距离来测量工件原点和机床原点间的距离，这个距离称为工件原点偏置。该偏置值需预存到数控系统中，加工时，工件原点偏置值便能自动加到工件坐标系上，使数控系统可按机床坐标系确定加工时的坐标值。因此，编程人员可以不考虑工件在机床上的安装位置和安装精度，而利用数控系统的原点偏置功能，通过工件原点偏置值来补偿工件在工作台上的装夹位置误差，使用起来十分方便。机床坐标系与工件坐标系的位置关系如图 2.10 所示。

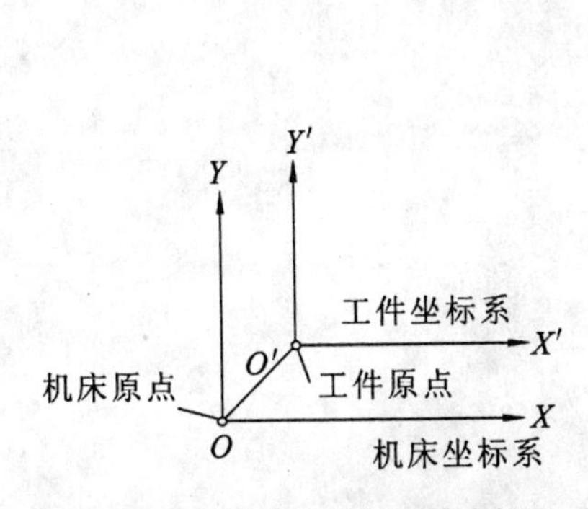

图 2.10　机床坐标系与工件坐标系

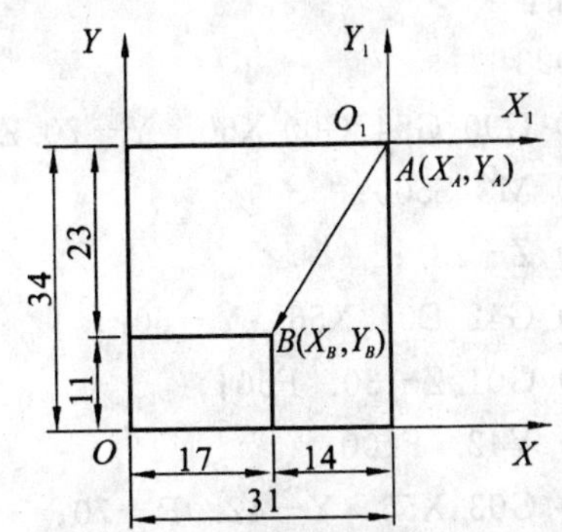

图 2.11　绝对坐标与相对坐标

3. 绝对坐标与相对坐标

运动轨迹的终点坐标是相对于该段轨迹起点计量的坐标系，称为增量坐标系（或相对坐标系）。所有坐标点的坐标值均是从某一固定坐标原点计算的坐标系，称为绝对坐标系。

如图 2.11 所示，图中 A、B 两点，若以绝对坐标表示，则为：$X_A=31$，$Y_A=34$；$X_B=17$，$Y_B=11$。若以相对坐标表示，则 B 点的坐标是在以 A 点为原点建立起来的坐标系内计算的，即终点 B 的相对坐标为：$X_B=-14$，$Y_B=-23$。

在编程时，可根据具体机床的坐标系，从编程方便（如根据图样尺寸的标注方式）出发，选用适当的坐标系及编程方式。

2.3　数控加工程序的结构和指令

为了满足设计、制造、维修和普及数控机床的需要，机床坐标系、加工指令、辅助功能及程序的结构和格式等方面的标准逐步趋向统一。目前，已形成两种国际上广泛采用的标准代码：①ISO 国际标准化组织标准代码；②EIA 美国电子工业协会标准代码。

我国也制订了相应的数控标准，目前正在执行的有 JB 3208—1983(《数字控制机床穿孔带程序段格式中的准备功能和辅助功能代码》)、JB 3050—1982(《数字控制机床用七单位编码字符》)、JB 3112—1982(《数控机床自动编程用输入语言》)、JB 3051—1982(《数字控制机床坐标和运动方向的命名》)等。

由于国内外各类数控机床生产厂家所使用的代码、指令及含义尚未完全统一。因此，编程人员在编制加工程序时，必须按照数控机床使用说明书及编程手册的相关规定进行编写。

2.3.1 程序的结构与格式

1. 程序的组成

加工程序是数控加工中的核心部分，是一系列指令的有序集合，通过这些指令使刀具按直线、圆弧或其他曲线运动，以完成对零件的加工。一个完整的加工程序由若干个程序段组成，一个程序段又由若干个字组成，每个字又由字母(地址符)和数字(有些数字还带有符号)组成，而字母、数字、符号统称为字符。

例如：

```
O0023
N10 G90 G54 G00 X60. Y-70. Z100.;
N20 M3 S500;
N30 Z-28.;
N40 G42 D01 X56. Y-60.;
N50 G01 Z-30. F50;
N60 Y42. F100;
N70 G03 X56. Y-42. R-70;
N80 G01 Y-60.;
N90 G0 Z100.;
N100 G40 X0 Y0 M05;
N110 M30;
```

上例为一完整的零件加工程序。它由程序号和 11 个程序段组成，其中 O0023 是程序编号，便于区别其他程序和从数控装置的程序存储器中检索、调用该加工程序。M30 是程序的结束指令，放在程序的结尾。每个程序段都包括了开始、内容及结束部分。程序段都以序号"N"开头，后跟 2～4 位数字，以"；"结束。

每个程序段有若干个字，如第一个程序段有 7 个字。每个程序段都表示一个完整的加工工步或动作。大多数系统规定了一个程序段的字符数小于或等于 90 个，90 个字符对于一个程序段来说基本足够。

一个数控系统所允许的加工程序的最大长度取决于该系统中的零件程序存储区的容量。如日本的 FANUC-7M 系统，零件主程序存储区的最大容量为 4K 字节，另外还可以根据用户要求扩大存储区的容量，所以该系统可适应大型程序的编制。

2. 程序段格式

程序段格式是程序段中的字、字符和数据的安排形式，即排列书写方式和顺序。不同的数控系统往往有不同的程序段格式，格式不符合规定，则数控系统不能接受。常用的程序段格式有下面两类。

(1) 字地址可变程序段格式。

这种格式又称为字地址程序段格式，前面举例介绍的就是这种格式。程序段中每个字都以地址符开始，其后再跟符号和数字，代码字的排列顺序没有严格的要求，不需要的代码字以及与上段相同的续效字可以不写。这种格式的特点是：程序简单，可读性强，易于检查。因此，现代数控机床广泛采用这种格式。可变程序段格式如下：

N(顺序号) G(准备功能) X(±坐标运动尺寸) Y(±坐标运动尺寸) Z(±坐标运动尺寸) F(进给速度) S(主轴转速) M(辅助功能) (附加指令) LF(或;)(结束代码)。

每个程序段的开头是程序的序号，以字母N和四位(有的机床不用四位)数字表示；接着是准备功能指令，由G和两位数字组成；再接着是坐标运动尺寸(包括圆弧半径等尺寸)；再往后是F进给速度指令、S主轴转速指令、T指令、M辅助功能指令等属于工艺指令；还可以有其他的附加指令；最后是程序段结束代码。

在程序段中，不用的字可省略不写，上一个程序段中已有的续效指令而本段又不必改变的字仍然有效，可不必重写。例如，上例中N60程序段中的准备功能与N50中的相同，虽然不写，仍为G01。

(2) 分隔符程序段格式。

每个字的第一个字符为“HT”分隔符，而且每个字都是按规定的顺序出现的程序段格式称为分隔符固定程序段格式。这种格式用分隔符“HT”(在EIA中用“TAB”)代替地址符，而且预先规定了所有可能出现的字的固定排列顺序，根据分隔符出现的顺序，就可判定其功能。例如，程序段：

N01 G01 X67.5 Y100.27 F100 S500 T01 M03 LF

写成分隔符固定程序段格式为：

HT01 HT01 HT67.5 HT100.27 HT100 HT500 HT01 HT03 LF

这种格式书写的程序不太直观，现在只用于功能不多的数控机床中。

3. 加工程序格式

加工程序由程序号、程序段和相应的符号所组成。

(1) 程序号。

在计算机数控装置中，一般来说，每个加工程序都需要进行编号。这是因为在计算机的存储器中可以事先存入多个加工程序，给每个加工程序进行编号，便于数控系统对这多个加工程序的管理。如上例中的“O0023”就是程序号，它表示：执行到该程序指令码“O”及其后边的号码时，就从数控装置的存储器中自动调出编号为0023的加工程序，以便执行。

不同的数控系统程序号指令码也有所不同。有的程序号以“O”指定，也有的以“%”指定，而西门子数控系统可以以任意符号作为程序名。

(2) 程序段格式。

关于程序段格式已说明。这里提出注意的是：一个程序段的字符数一般都有限制（大多为 90），一旦字符数大于限制的字符数时，应把它分成两个或多个程序段。

(3) 程序结束指令。

程序结束指令可以用 M02 或 M30。一般要求单列一段。

2.3.2 数控编程的代码标准

1. 准备功能 G 代码

准备功能 G 代码主要是指定数控机床的加工方式，为数控装置的辅助运算、刀补运算、固定循环等做好准备。它是由字母 G 和其后的两位数字组成，从 G00 到 G99，因此准备功能指令也称为 G 指令。我国 JB 3208—1983 标准中规定了 G 指令的功能，如表 2.1 所示。

G 指令有以下两种：

(1) 模态指令，又称为续效指令，只要指定一次模态 G 指令，在同组的其他 G 指令出现以前该指令一直有效，如 G00、G01、G02、G03 等；

(2) 非模态指令，这种 G 指令只有在被指定的程序段有效，如 G04、G08、G09 等。

标准对 G 指令按其功能进行了分组，表 2.1 中用小写英文字母分组，如刀具运动功能分在“a”组。同一功能组的代码可以相互代替，不允许写在同一程序段中，若误写则数控装置取最后一个有效。

表 2.1　准备功能 G 代码（JB 3208—1983）

代码(1)	功能保持到被注销或取代(2)	功能仅在所出现的程序段内有作用(3)	功　能(4)	代码(1)	功能保持到被注销或取代(2)	功能仅在所出现的程序段内有作用(3)	功　能(4)
G00	a		点定位	G50	#(d)	#	刀具偏置 0/－
G01	a		直线插补	G51	#(d)	#	刀具偏置＋/0
G02	a		顺时针方向圆弧插补	G52	#(d)	#	刀具偏置－/0
G03	a		逆时针方向圆弧插补	G53	f		直线偏移，注销
G04		*	暂停	G54	f		直线偏移 *X*
G05	#	#	不指定	G55	f		直线偏移 *Y*
G06	a		抛物线插补	G56	f		直线偏移 *Z*
G07	#	#	不指定	G57	f		直线偏移 *X*、*Y*
G08		*	加速	G58	f		直线偏移 *X*、*Z*
G09		*	减速	G59	f		直线偏移 *Y*、*Z*
G10～G16	#	#	不指定	G60	h		准确定位 1(精)

续表

代码(1)	功能保持到被注销或取代(2)	功能仅在所出现的程序段内有作用(3)	功　能(4)	代码(1)	功能保持到被注销或取代(2)	功能仅在所出现的程序段内有作用(3)	功　能(4)
G17	c		XY 平面选择	G61	h		准确定位 2(粗)
G18	c		ZX 平面选择	G62	h		快速定位(粗)
G19	c		YZ 平面选择	G63		*	攻丝
G20～G32	#	#	不指定	G64～G67	#	#	不指定
G33	a		螺纹切削,等螺距	G68	#(d)	#	刀具偏置,内角
G34	a		螺纹切削,增螺距	G69	#(d)	#	刀具偏置,外角
G35	a		螺纹切削,减螺距	G70～G79	#	#	不指定
G36～G39	#	#	永不指定	G80	e		固定循环注销
G40	d		刀具补偿/刀具偏置注销	G81～G89	e		固定循环
G41	d		刀具补偿－左	G90	j		绝对尺寸
G42	d		刀具补偿－右	G91	j		增量尺寸
G43	#(d)	#	刀具偏置－正	G92		*	预置寄存
G44	#(d)	#	刀具偏置－负	G93	k		时间倒数,进给率
G45	#(d)	#	刀具偏置＋/＋	G94	k		每分钟进给
G46	#(d)	#	刀具偏置＋/－	G95	k		主轴每转进给
G47	#(d)	#	刀具偏置－/－	G96	I		恒线速度
G48	#(d)	#	刀具偏置－/＋	G97	I		每分钟转数(主轴)
G49	#(d)	#	刀具偏置 0/＋	G98～G99	#	#	不指定

注:① # 号:如选作特殊用途,必须在程序格式说明中说明。

② 如在直线切削控制中没有刀具补偿,则 G43～G52 可指定作其他用途。

③ 在表中(2)栏括号中的字母(d)表示:可以被同栏中没有括号的字母 d 所注销或代替,亦可被有括号的字母(d)所注销或代替。

④ 控制机上没有 G53～G59、G63 功能时,可以指定作其他用途。

⑤ G45～G52 的功能可用于机床上任意两个预定的坐标。

2. 辅助功能 M 代码

辅助功能指令，简称辅助功能字，用地址符 M 表示，所以又称为 M 指令或 M 代码。我国 JB 3208—1983 标准中规定：M 指令由字母 M 及其后面的两位数字组成，从 M00～M99 共有 100 种代码，如表 2.2 所示。

M 指令也有续效指令与非续效指令之分，其意义与 G 指令中的模态和非模态相同。同时还规定了 M 功能在一个程序段中起作用的时间。例如，M03、M04 主轴转向指令与程序段中运动指令同时开始起作用；与程序有关的指令 M00、M01、M02 等在程序段运动指令执行完后开始起作用。这类指令与控制机的插补运算无关，而是根据加工时机床操作的需要予以规定的。例如，主轴的正反转与停止，冷却液的开关，刀具的更换，工件的加紧与松开等。

表 2.2 辅助功能 M 代码(JB 3208—1983)

代码(1)	功能开始时间		功能保持到被注销或被适当程序指令代替(4)	功能仅在所出现的程序段内有作用(5)	功能(6)	代码(1)	功能开始时间		功能保持到被注销或被适当程序指令代替(4)	功能仅在所出现的程序段内有作用(5)	功能(6)
	与程序段指令运动同时开始(2)	在程序段指令运动完成后开始(3)					与程序段指令运动同时开始(2)	在程序段指令运动完成后开始(3)			
M00		*		*	程序停止	M36	*		#		进给范围 1
M01		*		*	计划停止	M37	*		#		进给范围 2
M02		*		*	程序结束	M38	*		#		主轴速度范围 1
M03	*		*		主轴顺时针方向	M39	*		#		主轴速度范围 2
M04	*		*		主轴逆时针方向	M40～M45	#	#	#	#	如有需要作为齿轮换档，此外不指定
M05		*	*		主轴停止	M46～M47	#	#	#	#	不指定
M06	#	#		*	换刀	M48		*	*		注销 M49

续表

代码(1)	功能开始时间		功能保持到被注销或被适当程序指令代替(4)	功能仅在所出现的程序段内有作用(5)	功能(6)	代码(1)	功能开始时间		功能保持到被注销或被适当程序指令代替(4)	功能仅在所出现的程序段内有作用(5)	功能(6)
	与程序段指令运动同时开始(2)	在程序段指令运动完成后开始(3)					与程序段指令运动同时开始(2)	在程序段指令运动完成后开始(3)			
M07	*		*		2 号冷却液开	M49	*		#		进给率修正旁路
M08	*		*		1 号冷却液开	M50	*		#		3 号冷却液开
M09		*	*		冷却液关	M51	*		#		4 号冷却液开
M10	#	#	*		夹紧	M52～M54	#	#	#	#	不指定
M11	#	#	*		松开	M55	*		#		刀具直线位移，位置 1
M12	#	#	#	#	不指定	M56	*		#		刀具直线位移，位置 2
M13	*		*		主轴顺时针方向，冷却液开	M57～M59	#	#	#	#	不指定
M14	*		*		主轴逆时针方向，冷却液开	M60		*		*	更换工件
M15	*			*	正运动	M61	*				工件直线位移，位置 1
M16	*			*	负运动	M62	*		*		工件直线位移，位置 2
M17～M18	#	#	#	#	不指定	M63～M70	#	#	#	#	不指定

续表

代码(1)	功能开始时间		功能保持到被注销或被适当程序指令代替(4)	功能仅在所出现的程序段内有作用(5)	功能(6)	代码(1)	功能开始时间		功能保持到被注销或被适当程序指令代替(4)	功能仅在所出现的程序段内有作用(5)	功能(6)
	与程序段指令运动同时开始(2)	在程序段指令运动完成后开始(3)					与程序段指令运动同时开始(2)	在程序段指令运动完成后开始(3)			
M19		*	*		主轴定向停止	M71	*		*		工件角度位移，位置 1
M20～M29	#	#	#	#	永不指定	M72	*		*		工件角度位移，位置 2
M30		*		*	纸带结束	M73～M89	#	#	#	#	不指定
M31	#	#		*	互锁旁路	M90～M99	#	#	#	#	永不指定
M32～M35	#	#	#	#	不指定						

注：① # 号表示：如选作特殊用途，必须在程序说明中说明。

② M90～M99 可指定为特殊用途。

3. F、S、T 指令

(1) F 功能。

该指令是进给速度指令，为模态指令，其功能是指定切削进给速度，表示方法有两种。

一种是代码法：即 F 后跟两位数字，这些数字不直接表示进给速度的大小，而是进给速度数列的序号。指定序号在具体机床的数控系统中有对应的实际进给速度，可查表确定。

直接指定法：F 后跟的数字就是进给速度的大小，单位由数控系统设定。一般常用单位为 mm/min。例如，F100 表示进给的速度是 100 mm/min。这种方法较为直观，因此现在大多数数控系统采用这一指定方法。

(2) S 功能。

该指令是主轴转速指令，为续效代码。其指定方法与 F 指令的指定方法基本相同，只是单位不同，常用的主轴转速的单位是 r/min。

(3) T 功能。

该指令是刀具序号指令。在可以自动换刀的数控系统中，它用来选择所需的刀具。指令以 T 为首，后跟两位数字，以表示刀具的编号。有时 T 后跟有四位数字，后两位数字表示刀具补偿的序号。

2.3.3　数控编程常用指令的应用

1. 常用的准备功能指令

(1) 与坐标系有关的指令。

① 绝对坐标指令——G90：表示程序段中的编程尺寸是按绝对坐标给定的，即按照固定的机床原点 $O_{机}$ 或工件坐标原点 $O_{工}$。

② 相对坐标指令——G91：表示程序段中的编程尺寸是按相对坐标给定的，即运动轨迹的终点坐标是相对该段运动轨迹起点计量的。

③ 机床坐标系指令——G53：机床坐标原点是固定不变的一个点。因此，机床坐标系建立后，不会因复位、工件坐标系或局部坐标系的设定以及除断电外的其他任何操作而发生改变。机床坐标系由 G53 设定，其指令格式为：

(G90) G53 IP_；

使用 G53 时应注意：G53 指令在 G90 状态下有效，在 G91 状态下无效；G53 指令取消刀具半径补偿和长度补偿；执行 G53 指令前必须以手动或自动完成机床回零操作。

④ 坐标系设定的预置寄存指令——G92：当用绝对尺寸编程时，必须先用指令 G92 设定机床坐标系与工件编程坐标的关系，确定零件的绝对坐标原点，同时要把这个原点设定值存储在数控装置中的存储器内，以作为后续各程序绝对尺寸的基准。

G92 是续效指令，即只要后边没有重新设定机床坐标系与工件坐标之间的关系(在整个程序中可设定一次或多次)，那么先前的设定继续有效，直到后边重新设定时先前的设定才无效。

G92 的使用如图 2.12 所示，刀具起始点在机床原点，要求刀具快速移动到 A 点，然后由 A 点沿直线切削加工到 B 点。

在工件坐标系下，采用绝对坐标编程为：

```
N1 G92 X-15 Y-10 LF
N2 G90 G17 G00 X8 Y10 LF
N3 G01 X20 Y10 F100 LF
 ⋮
```

采用相对坐标编程为：

```
N1 G91 G17 G00 X23 Y20 LF
N2 G01 X12 Y0 F100 LF
 ⋮
```

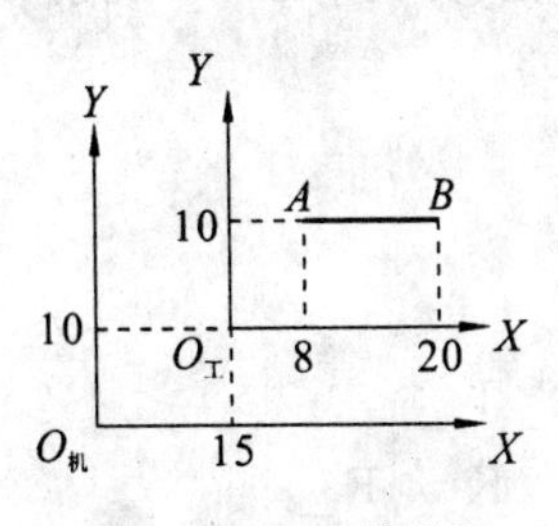

图 2.12　G92 的使用

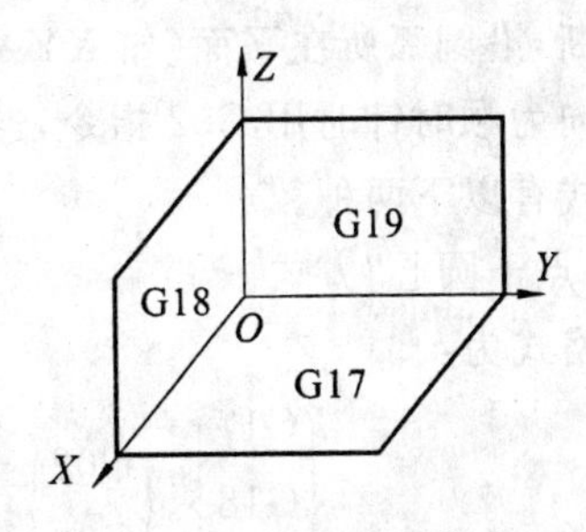

图 2.13　坐标平面指令

⑤ 坐标平面指令——G17、G18、G19：用 G17、G18、G19 分别表示在 XY、ZX、YZ 坐标平面内进行加工，如图 2.13 所示。这种指令用做直线与圆弧插补及刀具补偿时的平面选择。有的数控系统只有在一个坐标平面内加工的功能，则在程序中，只写出坐标地址符及其后面的尺寸，不必书写坐标平面指令。

该指令为模态指令，系统初始状态为 G17 状态，直线移动指令与平面选择无关。

⑥ 预置坐标系指令——G54～G59：机床可以预先设定特有的六个坐标系，使用 G54～G59 来选择它们。由设定各轴从机械原点到它们各自坐标原点之间的距离(即工件原点偏置值)来确定六个坐标系。各轴坐标原点在机床坐标系中的值可用 MDI 方式输入，系统自动记忆。

工件坐标系一旦选定，后续程序段中的绝对坐标均为相对此工件坐标系原点的值。

注：使用 G54～G59 时，不用 G92 设定坐标系。G54～G59 和 G92 不能混用。

(2) 插补运动指令。

① 快速点定位指令——G00。

指令格式：

G00 IP_；

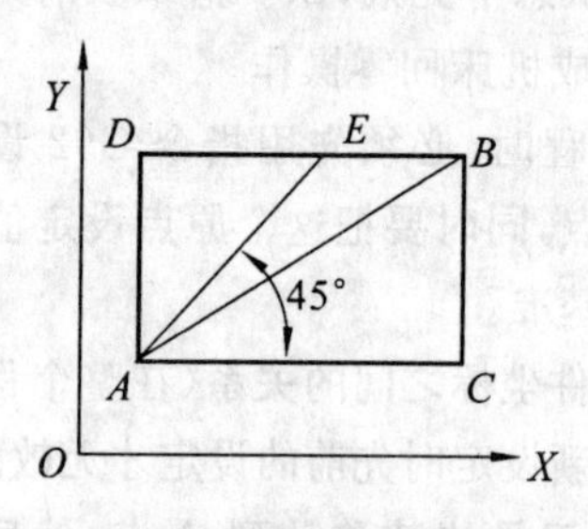

图 2.14　G00 指令的轨迹

G00 按机床所提供的最快的速度将刀具运动到指定的坐标点，与程序中指定的进给速度无关。它强调的是刀具快速运动到所指定的坐标点，其运动轨迹根据具体控制系统的设计情况，可以是多种多样的。如图 2.14 所示，从 A 点到 B 点有以下四种方式：直线 AB，直角线 ACB、ADB，折线 AEB。

注：G00 是续效指令，只有指定了 G01、G02 或 G03 时，G00 才失效。另外，指定了 G00 的程序段不要再指定进给速度 F。

② 直线插补指令——G01。

指令格式：

G01 IP_ F_；

G01 指令用以指定两个坐标(或三个坐标)以联动的方式，按程序段中指定的合成进给速度 F，插补加工出任意斜率的直线。

注：在 G01 程序段中必须有 F 指令指定进给速度(或以前的程序段已指定)，否则机床就不会产生运动；G01 与 F 都是续效指令。

③ 圆弧插补指令——G02、G03。

G02、G03 分别用于顺时针及逆时针的圆弧加工。圆弧的顺、逆方向可按如图 2.15 给出的方法判断，沿圆弧所在平面(如 XY 平面)坐标轴的负方向(如 $-Z$)观察，刀具相对于工件的移动方向为顺时针时用 G02 指令，逆时针时用 G03。

指令格式有以下两种。

“圆弧终点+圆心”方式。

其指令格式为：

$$\begin{Bmatrix} G17 \\ G18 \\ G19 \end{Bmatrix} \begin{Bmatrix} G02 \\ G03 \end{Bmatrix} \begin{Bmatrix} X\_\ Y\_\ I\_\ J\_ \\ X\_\ Z\_\ I\_\ K\_ \\ Y\_\ Z\_\ J\_\ K\_ \end{Bmatrix} F\_;$$

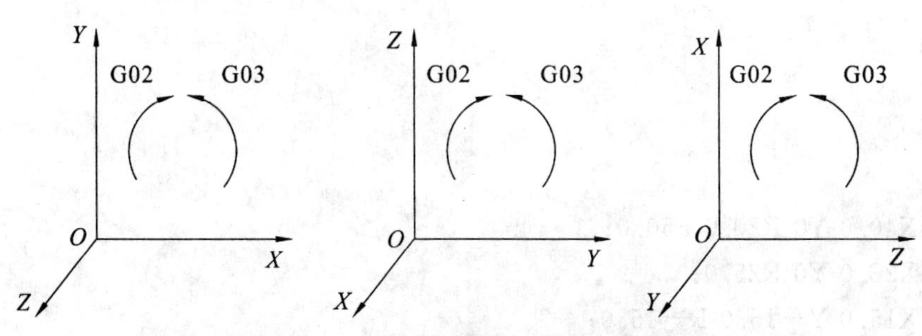

图 2.15　不同平面的 G02、G03 选择

其中：X、Y、Z 的坐标为加工圆弧的终点位置，可以是绝对坐标，也可以是增量坐标。I、J、K 表示圆弧圆心坐标，它是圆心相对于圆弧起点在 *X*、*Y*、*Z* 轴方向上的增量坐标。根据矢量在 *X*、*Y*、*Z* 轴上的投影可以确定其数值及符号，如图 2.16 所示。I、J、K 与 G90 或 G91 无关。

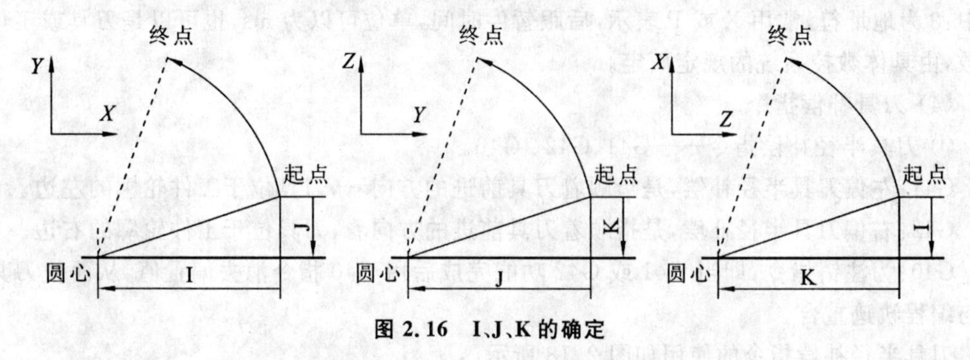

图 2.16　I、J、K 的确定

"圆弧终点＋半径"方式：如果以 R 指令给出圆弧半径，则相应圆弧程序中的圆心坐标可省略。

其指令格式为：

$$\begin{Bmatrix}G17\\G18\\G19\end{Bmatrix}\begin{Bmatrix}G02\\G03\end{Bmatrix}\begin{Bmatrix}X\_\ Y\_\\X\_\ Z\_\\Y\_\ Z\_\end{Bmatrix}R\_\ F\_;$$

其中：R 有正负之分，规定小于等于 180°的圆弧，R 取正值；大于 180°的圆弧，R 取负值。但应注意，用 R 参数编程时，不能加工整圆。加工整圆只能采用 I、J、K 方式。

其中：G17/G18/G19 是指定圆弧所在平面，若机床只有一个坐标平面时，平面指令可以省略；当机床具有三个坐标平面，而该指令缺省时认为是 *XY* 平面。

G02/G03 指令的使用如图 2.17 所示，欲加工 *ABCD* 段轨迹：

方法 1(使用圆心坐标参数，绝对坐标编程)：

```
G90;
…
:
G02 X40.0 Y0 I20 J0 F50.0;
G03 X68.0 Y0 I14.0 J0;
G02 X83.0 Y-15.0 I15.0 J0;
```

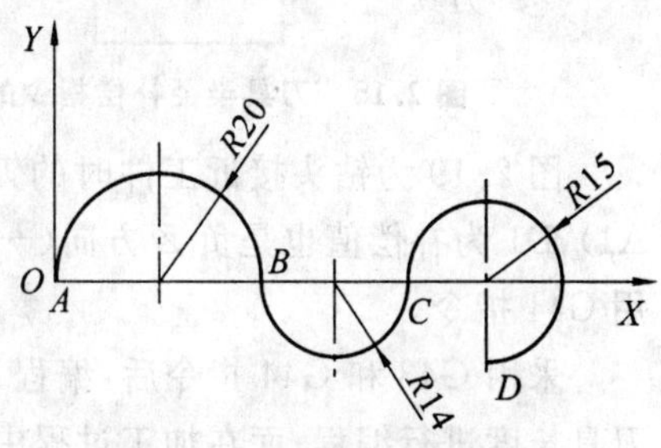

图 2.17　圆弧加工编程示例

方法 2(使用半径参数，相对坐标编程)

G91；

…

⋮

G02 X40.0 Y0 R20.0 F50.0；

G03 X28.0 Y0 R25.0；

G02 X15.0 Y－15.0 R－15.0；

(3) 暂停指令——G04。

该暂停指令可以使刀具做短时间的无进给运动，它适用于车削环槽、锪平面、钻孔等光整加工，其编程格式为：

G04 β LF

其中：β为地址符，常用X或P表示，后跟暂停时间，单位可以为ms，也可以是刀具或工件的转数，由具体数控系统的规定而定。

(4) 刀具补偿指令。

① 刀具半径补偿指令——G41、G42、G40。

G41：左偏刀具半径补偿，是指顺着刀具前进的方向看，刀具位于工件轮廓的左边。

G42：右偏刀具半径补偿，是指顺着刀具前进的方向看，刀具位于工件轮廓的右边。

G40：为注销指令，即当G41或G42功能完成后用G40指令消去偏置值，从而使刀具中心与编程轨迹重合。

刀具半径补偿指令的使用如图2.18所示。

② 刀具长度补偿指令——G43、G44、G40。

G43是刀具长度正补偿指令，它的作用是对刀具编程终点坐标值作加上一个刀具偏差量的运算，也就是使编程终点坐标向正方向移动一个偏移量。G44为刀具长度负补偿指令，它的作用与G43正好相反。G40是撤销刀具补偿的指令。

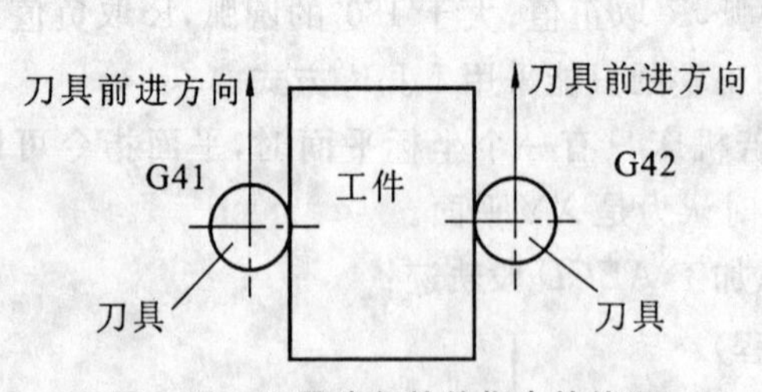

图2.18　刀具半径补偿指令的使用

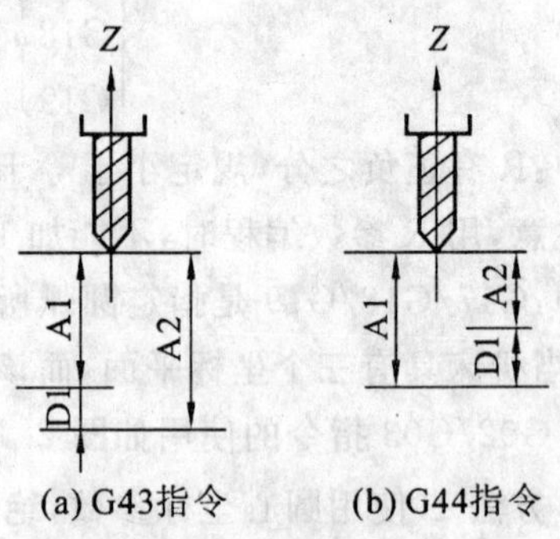

图2.19　刀具长度补偿示例

图2.19为钻头接近工件时的刀具长度补偿示例。设A1为程序值且为负Z方向(－A1)，D1为补偿值也是负Z方向(－D1)，A2为实际位移值。其中图(a)用G43指令，图(b)用G44指令。

采用G43和G44指令后，编程人员即使不知道实际使用的刀具长度，也可以按假定的刀具长度进行编程；而在加工过程中，如果刀具长度发生变化或更换新刀具时，也不必改变程序，只要把实际长度与假定值之差值输入给数控系统的相应寄存器即可。

(5) 固定循环指令——G80～G89。

在 G 功能代码中，常选用 G80～G89 作为固定循环指令。例如，在钻孔时时，刀具的快速定位、钻孔、退出几个固定的连续动作，可以用一条固定循环指令来指定。固定循环指令可以使程序编制既简短、方便，提高编程效率。

2. 常用的辅助功能指令

(1) 程序停止指令——M00。

在执行完含有 M00 的程序段后，机床的主轴、进给及冷却液都自动停止。该指令用于加工过程中测量刀具和工件的尺寸、工件调头、手动变速等固定操作。当程序运行停止时，全部现存的模态信息保持不变，固定操作完成后，重按启动键，便可继续执行后续的程序。

(2) 计划停止指令——M01。

该指令与 M00 基本相似，所不同的是，只有在“计划停止”键被按下时，M01 才有效，否则系统继续执行后续的程序。该指令常用于工件关键尺寸的停机抽样检查等情况。当检查完成后，按启动键继续执行后续的程序。

(3) 程序结束指令——M02。

当全部程序结束后，用该指令使主轴、进给、冷却全部停止，并使机床复位。该程序只出现在程序的最后一个程序段中。

(4) 纸带结束指令——M30。

该指令功能是执行完程序段内所有指令后，使主轴停转、冷却液关闭、进给停止，将控制部分复位到初始状态并倒带。即它比 M02(程序结束)多了一个“倒带”的功能，其他功能相同。

(5) 与主轴有关的指令——M03、M04、M05。

该指令分别指定主轴正转、反转和停转。所谓主轴正转是从主轴往正 Z 方向看去，主轴顺时针方向旋转，反之称为反转。主轴停转是在该程序段其他指令执行完成后才能停止。一般在主轴停止的同时，进行制动和关闭冷却液。

(6) 换刀指令——M06。

手动或自动换刀的指令，常用于加工中心机床刀库换刀前的准备动作。

(7) 与冷却有关的指令——M07、M08、M09。

M07 用于指定 2 号冷却液(雾状)开，M08 用于指定 1 号冷却液(液状)开，即冷却泵启动。M09 用于关闭冷却液。

(8) 与松夹有关的指令——M10、M11。

M10 用于指定运动部件的夹紧；M11 用于运动部件的松开。

(9) 主轴定向停止指令——M19。

该指令用于指定主轴准确地停止在预定的角度位置上。这个指令主要用于点位控制数控机床和自动换刀数控机床，如数控坐标镗床、加工中心等。

2.4　数控编程的工艺基础

编程过程中的工艺设计是十分重要的环节，它是对工件进行数控加工的前期工艺准备工作。在数控加工前，要将机床的运动过程、零件的工艺过程、刀具的形状、切削用量和走刀路线等都编入程序，这就要求程序设计人员要有多方面的知识基础。

2.4.1 确定工艺方案

数控机床是一种高效率的自动化加工设备，其效率要高于普通机床的2～5倍，在使用中必须充分发挥数控机床的特点，使其达到合理性和经济性，这就首先要合理地确定其工艺方案。

一种零件在加工中往往有多个加工方案，而每种方案都选择不同的数控设备、刀具、夹具，以及选取不同的工艺参数。在比较各种加工方案时，要根据加工零件的具体要求和特点，结合现有的条件，本着合理性、经济性和可行性的原则，选择一种各种因素综合为最佳的工艺方案，使其在加工中，在保证质量的前提下，得到较高的效率，并能充分发挥数控机床的功能。

2.4.2 工序划分与确定走刀路线

1. 工序的划分

在数控设备上加工零件，要求工序应该相对集中，即在一次装夹中尽可能完成多道工序，这就要求对零件的加工工序进行合理划分，其方法有如下两种。

(1) 按所用的刀具划分。

为了减少换刀次数，压缩空程时间，减少不必要的定位误差，应采用按刀具集中工序的方法加工零件。用一把刀加工完成零件上加工要求基本相同的部分，然后再换刀加工其他部分。

(2) 按粗、精加工原则划分工序。

根据零件形状、尺寸精度、零件刚度等因素，可按粗、精加工分开的原则划分工序，先粗后精，并注意粗加工时零件可能发生的变形，粗加工后不要马上安排精加工工序，应留有足够的时效时间，以保证加工精度。

2. 确定加工路线

零件的加工路线是指数控机床在加工过程中刀位点的运动轨迹和运动方向。确定了加工路线，也就确定了刀具运动轨迹和方向。

确定加工路线，主要是确定粗加工及空行程的走刀路线，因为精加工切削过程的走刀路线基本都是沿其零件轮廓进行的。

在保证加工质量的前提下，使加工过程具有最短的走刀路线，不仅可以节省加工时间，而且还能减少不必要的刀具消耗及机床进给机构滑动部位的磨损等。确定加工路线应遵循以下原则：

① 保证零件的加工精度和表面粗糙度；

② 方便数值计算，减少编程工作量；

③ 缩短进给路线，减少空行程。这样既能使程序段数减少，提高编程效率，又减少了空刀时间。

在确定加工路线时应注意先粗后精，并注意粗加工时零件可能发生的变形，粗加工后不

要马上安排精加工工序，应留有足够的时效时间，以保证加工精度。

图 2.20 是正确选择钻孔加工路线的例子。按照一般习惯，应先加工均布于内圈圆上的八个孔，再加工外圈圆上的八个孔，即如图 2.20(b)所示的加工路线。但这并不是最佳的路线，如果进行必要的尺寸计算，求出各孔中心的相对坐标增量值，则采用图 2.20(c)所示的加工路线较为理想。

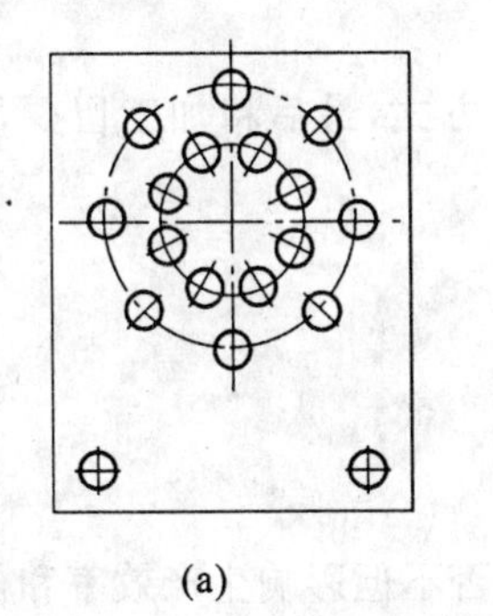
(a)

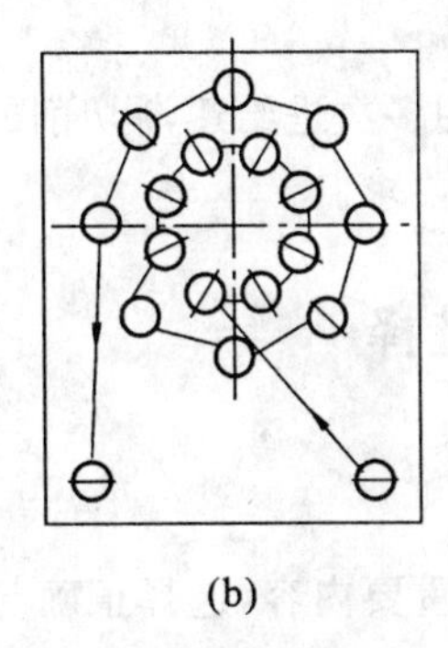
(b)

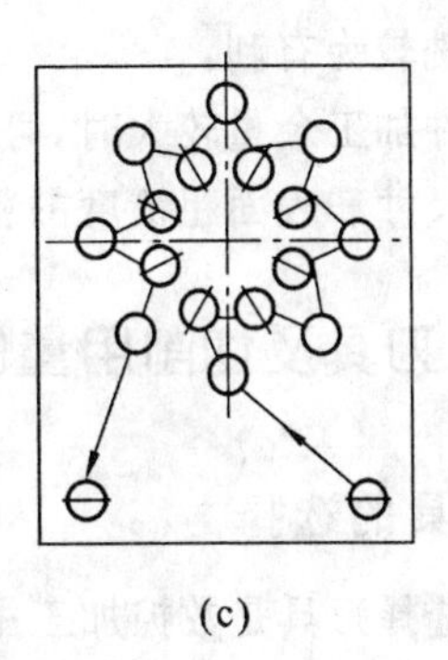
(c)

图 2.20 孔加工的两种走刀路线

对于孔位置精度要求较高的零件而言，在精镗孔系时，安排的镗孔路线一定要注意各孔的定位方向要一致，即采用单向趋近定位点的方法，以避免传动系统的误差或测量系统的误差对定位精度的影响。如图 2.21(a)所示的加工路线，在加工孔Ⅳ时，X 方向的反向间隙将影响孔Ⅲ、孔Ⅳ的孔距精度；如采用图 2.21 (b)的路线，可使各孔的定位方向一致，从而提高了孔距精度。

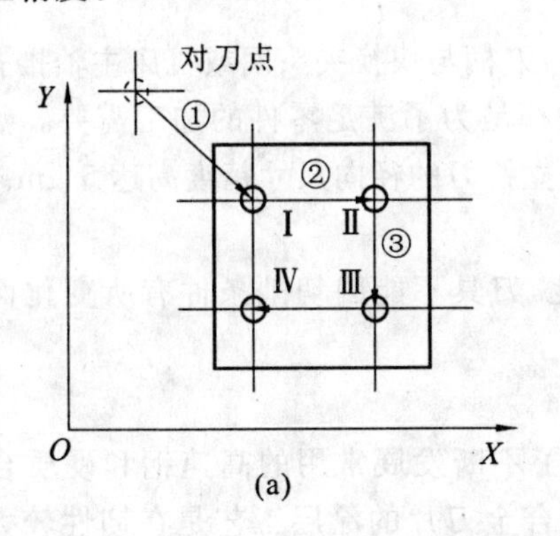

(a)

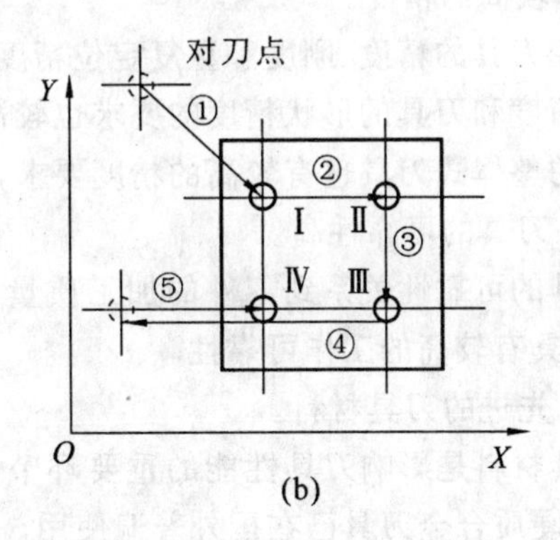

(b)

图 2.21 两种孔系加工路线方案

当用立铣刀的侧刃铣削平面工件的外轮廓时，切入、切出部位应考虑外延，如图 2.22 所示，以保证工件轮廓的平滑过渡。切入时，应先以轮廓的延长线接触，然后沿轮廓曲线的切线方向切入，避免法向切零件轮廓；切出工件时也要避免在工件的轮廓处直接抬刀，要沿着零件轮廓延伸线的切线逐渐切离工件。

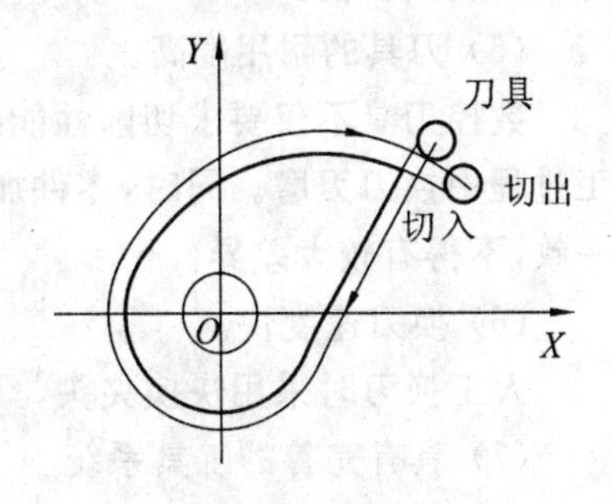

图 2.22 加工外轮廓的刀具路线

在轮廓铣削中，应避免进给停顿，以免刀具进给停顿处的零件轮廓上留下切痕。

采用顺铣还是逆铣，对加工工件的表面粗糙度有一定影响。这时，应根据零件的加工要求、工件材料的性质特点以及具体机床刀具条件综合考虑。一般来说，数控机床采用的滚珠丝杠，其运动间隙极小，且顺铣时刀齿的切削厚度从最大开始到最小，避免了刀齿与加工表面产生的滑行与挤压现象，同时因切削力的垂直分力压向工作台，减少了工件的上下振动，提高了表面加工的质量，故在数控加工时应尽量采用顺铣。但如果零件毛坯为黑色金属锻件或铸件，表面有硬皮，容易出现崩刃和打刀现象，这时采用逆铣较为有利。

当零件加工余量较大时，可采用多次进给逐渐切削的方式，最后精加工留少量余量，这样可保证尺寸和表面粗糙度的精度要求。

2.4.3 刀具及切削用量的选择

1.刀具的选择

正确选择刀具是数控加工中的重要内容，选择正确与否不但影响生产效率和加工精度，而且还关系到会否发生打断刀具的事故。数控刀具的选择主要从以下几个方面考虑。

(1) 良好的切削性能。

现代数控机床正向着高速、高刚性和大功率方向发展，因而所使用刀具必须具有能够承受高速和强力切削的性能，切削效率高。同时，同一批刀具在切削性能和刀具寿命方面一定要稳定，这是由于在数控机床上为了保证加工质量，往往实行按刀具使用寿命换刀或由数控系统对刀具寿命进行管理。

(2) 较高的精度。

数控刀具的精度、刚度和重复定位精度较高，刀柄与快换夹头间或机床主轴锥孔间的连接定位精度和刀具的形状精度的要求也较高，这都是为了满足零件的加工需要。数控机床上所用的整体式刀具也有较高的精度要求，有些立铣刀的径向尺寸精度高达 5 μm。

(3) 刀具的可靠性高。

刀具的可靠性关系到零件的加工质量，因此，刀具不能因切削条件有所变化而出现故障，必须具有较高的工作可靠性。

(4) 先进的刀具材料。

刀具材料是影响刀具性能的重要环节。除了不断发展常用的高速钢和硬质合金材料外，涂层硬质合金刀具已在国外普遍使用。硬质合金刀片的涂层工艺是在韧性较大的硬质合金基体表面沉积一薄层高硬度的耐磨材料，把硬度和韧性结合在一起，从而改善硬质合金刀片的切削性能。

(5) 刀具的耐用度高。

数控刀具不仅要求切削性能好，而且要求耐用度高、性能稳定，尽量避免在同一零件加工过程中换刀刃磨。同时，零件加工中所使用的一批刀具，其切削性能和刀具寿命也应基本一致，不得有较大差异。

(6) 换刀速度快。

人工换刀时采用快换夹头，具有刀库装置的应实现自动换刀。

(7) 具有完善的工具系统。

采用模块式工具系统，可以较好地适应多品种零件的生产需要，有效地减少工具储备。

(8) 具有刀具管理系统。

刀具管理系统可以对刀库中所有刀具自动识别，并储存刀具尺寸、位置、切削时间等信息，还可以实现刀具的更换、运送、刃磨和尺寸预调等功能。

数控车床能兼作粗精车削，因此粗车时，要选强度高、耐用度好的刀具，以便满足粗车时大背吃刀量、大进给量的要求；精车时，要选精度高、耐用度好的刀具，以保证加工精度的要求。

此外，为减少换刀时间和方便对刀，应尽可能采用机夹刀和机夹刀片。夹紧刀片的方式要选择得比较合理，刀片最好选择涂层硬质合金刀片。目前，数控车床用得最普遍的是硬质合金刀具和高速钢刀具两种。

总之，刀具的选择是数控加工工艺中重要内容之一。选择刀具通常要考虑机床的加工能力、工序内容、工件材料等因素。选取刀具时，要使刀具的尺寸和形状相适应。

2. 切削用量的选择

在编制数控加工程序时，编程人员必须确定每道工序的切削用量。确定时一定要根据机床说明书中规定的要求和刀具的耐用度去选择，当然也可以结合实践经验采用类比法的方法来确定。在选定切削用量时要能够保证刀具加工完一个零件或保证刀具的耐用度不低于一个工作班，最少也不低于半个班的工作时间。数控加工中的切削深度、切削速度和进给量的确定原则如下。

(1) 确定切削深度 a_p。

在机床、工件和刀具刚度允许的情况下，a_p 就等于加工余量。这是提高生产率的一个有效措施。有时为了保证加工精度和表面粗糙度，可留一点余量最后精加工。数控机床的精加工余量可略小于普通机床。

(2) 确定主轴转速 n。

切削速度 v 是刀具切削刃的线速度，提高切削速度也是提高生产率的一个措施。但切削速度 v 与刀具耐用度的关系比较密切，随着 v 的增大，刀具的耐用度将急剧下降。故 v 的选择主要取决于刀具耐用度。如用立铣刀铣削高强度钢 30CrNi2MoVA 时，v 可采用 8 m/min左右；而用同样的立铣刀铣削铝合金坯料时，v 可选 200 m/min 以上。而主轴转速 n(r/min)根据切削速度 v(m/min)来选定，计算公式为 $n=1000\ v/\pi D$ （式中：D——刀具或工件直径(mm)）。

(3) 进给速度的选择 V_f。

进给速度应根据零件的加工精度、表面粗糙度要求以及刀具和工件材料来选择，确定进给速度的原则如下：

① 当工件的质量要求能够得到保证时，为提高生产率，可选择较高的进给速度；

② 在切断、加工深孔或用高速钢刀具加工时，宜选择较低的进给速度；

③ 当加工精度要求较高时，进给速度应选小一些，常在 20～50 mm/min 范围内选取；

④ 刀具空行程，特别是远距离“回零”时，可选取尽可能高的进给速度；

⑤ 进给速度应与主轴转速和切削深度相适应。

一般数控加工进给速度的选择是连续的。编程时选定的进给速度应用 F 指令指定并写入相应的程序段中。F 既可在编程中在一定范围内进行无级调整，又可由安装在控制板上的进给速度修调(倍率)开关人工设定。因此，进给速度可以随时修调，有较大的灵活性。但最大进给速度应受设备刚度和进给系统性能的限制。应特别强调，编程中在选择进给速度或进给倍率时，需要注意零件加工中的某些特殊情况。如加工圆弧面（特别是内圆弧）及带有拐角的加工面时，应适当调整其进给速度或进给倍率，避免因惯性太大造成刀具的损伤及产生"超程"而导致加工误差。编程时应使刀具在接近拐角前适当降低进给速度，过拐角后再逐渐增速。

总之，切削用量的具体数值应根据机床说明书、手册并结合实践经验具体确定。

2.4.4 工件在数控机床上的装夹

数控机床上被加工零件的安装方法与一般机床的一样，也要合理地选择夹具、定位基准和夹紧方案。一般编程人员不进行数控加工的夹具设计，而是选用夹具或参与夹具设计方案的讨论。这里所讲的夹具是指数控机床上完成工件夹紧、定位的夹具。数控加工对夹具提出了两个基本要求：一是要保证夹具的坐标方向与机床的坐标方向相对固定；二是要能协调零件和机床坐标系的尺寸关系。

(1) 在安装工件前，一般要考虑以下两个原则：

① 在确定零件装夹方法时，应尽量减少装夹次数，力争做到在一次装夹后能加工出全部待加工表面，以充分发挥数控机床的效能；

② 需要数控加工的零件其定位基准面一般都已预先加工完毕，所以当有些零件需要二次装夹时，要尽可能利用同一基准面来加工另一些待加工面，这样可以减少加工误差。

(2) 在选择夹具时，一般应注意以下几点：

① 夹具结构力求简单。尽可能利用由通用元件拼装的组合可调夹具，以缩短生产准备周期；

② 装卸零件要快速方便，以缩短机床的停顿时间；

③ 要使加工部位开敞，夹紧机构上的各部件不得妨碍走刀；

④ 夹具在机床上安装要准确可靠，以保证工件在正确的位置上加工；

⑤ 为了在一次安装中加工出更多的表面，有时要增加一些辅助定位面（即工艺面）。如在加工凸轮时要保证加工时定位可靠，可特意增加一个工艺孔，用双孔平面来定位。

2.4.5 对刀点和换刀点位置的确定

对于数控加工编程，正确地选择对刀点是很重要的。"对刀点"是在数控加工中刀具相对于工件运动的起点，程序也是从这里开始执行，所以对刀点也称为"起刀点"或"程序起点"。对刀点选定后，便确定了机床坐标系和工件坐标系的位置关系。选择对刀点的原则如下。

(1) 造成的误差小。

为了提高零件的加工精度，刀具的起点应尽量选在零件的设计基准或工艺基准上。如以孔定位的零件，应将孔的中心作为对刀点。

(2) 便于数学处理和简化程序编制。

对刀点的选择应便于坐标值的计算，对于建立了绝对坐标系统的数控机床，对刀点最好选在该坐标系的原点上，或选在已知坐标值的点上。

(3) 对刀点在机床上容易找正。

(4) 加工过程中便于检查。

(5) 为了提高零件的加工精度,对刀点应尽量选在零件的设计基准或工艺基准上。

(6) 尽量使加工程序中刀具引入(或返回)路线短并便于换刀。

选定对刀点后,每次加工前都需要对刀。所谓“对刀”是指使“刀位点”与“对刀点”重合的操作。“刀位点”是指刀具的定位基准点。刀具在机床上的精确位置就是由“刀位点”表示的。如对车刀的刀位点是刀尖或刀尖圆弧中心;对立铣刀的刀位点是刀具轴线与刀具底面的交点;对球头铣刀是球头的球心;对钻头是钻尖。通常,在绝对坐标系统的数控机床上要确定对刀点(即对刀点找正),可由对刀点距机床原点的坐标来校核,在相对坐标系统的机床上,则需要人工检查对刀点的重复精度,以便于零件的批量生产。为保证对刀精度,还可采用精密对刀显微镜等仪器进行。

另外,在有换刀功能的数控机床上,编程中用到自动换刀功能时,还要考虑“换刀点”的问题。换刀点应根据工序内容安排,为了防止换刀时工件或机床部件干涉刀具的运动,换刀点的选择也要适当考虑。

2.4.6　数控加工工艺文件的编制

编写数控加工专用技术文件是数控加工工艺设计的重要内容之一。这些专用的技术文件既是数控加工的依据、产品验收的依据,也是操作者遵守、执行的规则,有时也作为加工程序的附加说明,使操作者更加明确程序的内容、装夹方式、刀具的使用以及切削用量的选择等。数控加工工艺文件编写的质量高低,直接影响零件的加工质量和生产效率。因此,作为一名数控工艺技术人员,在编制工艺文件之前,必须全面了解工件毛坯质量、刀具、夹具、机床数控系统及各方面的技术参数,熟悉和掌握数控加工的技术信息。

数控加工的工艺文件主要有数控加工工艺规程卡、数控加工工序卡、数控加工刀具使用卡、数控加工程序说明卡。

1. 数控加工工艺规程卡

数控加工工艺规程卡是数控加工工艺文件的重要组成部分。它规定了工序内容、加工顺序、使用的设备、刀辅具的型号和规格等,如图 2.23 所示。

<table>
<tr><td colspan="2">零件名称</td><td>零件材料</td><td>毛坯种类</td><td colspan="2">毛坯硬度</td><td>毛坯重</td><td>编制</td></tr>
<tr><td colspan="2"></td><td></td><td></td><td colspan="2"></td><td></td><td></td></tr>
<tr><td rowspan="2">工序号</td><td rowspan="2">工序名称</td><td rowspan="2">设备名称</td><td rowspan="2">夹具</td><td colspan="2">刀具</td><td rowspan="2">辅具</td><td rowspan="2">冷却液</td></tr>
<tr><td>编号</td><td>规格</td></tr>
<tr><td>1</td><td></td><td></td><td></td><td></td><td></td><td></td><td></td></tr>
<tr><td>2</td><td></td><td></td><td></td><td></td><td></td><td></td><td></td></tr>
<tr><td>3</td><td></td><td></td><td></td><td></td><td></td><td></td><td></td></tr>
</table>

图 2.23　数控加工工艺规程卡

2. 数控加工工序卡

数控加工工序卡是数控编程的一项重要依据，它与普通加工工序卡有许多相似之处，规定了工步号、工步内容、刀具名称和切削用量等。

在工序加工内容不太复杂的情况下，用数控加工工序卡的形式较好，可以把零件草图、尺寸技术要求、工序内容及程序要说明的问题集中反映在上面，做到一目了然。数控加工工序卡如图 2.24 所示。

单位	数控加工工序卡		产品名称或代号			零件名称		零件图号
工序简图			车间			使用设备		
			工艺序号			程序编号		
			夹具名称			夹具编号		
工步号	工步作业内容	加工面	刀具号	刀补号	主轴转速	进给速度	背吃刀量	备注
编制	审核	批准	年 月 日			共 页		第 页

图 2.24 数控加工工序卡

3. 数控加工刀具使用卡

数控加工刀具使用卡说明完成一个零件加工所需要的全部刀具，主要包括刀具名称、型号、规格、尺寸、补偿号等内容，如图 2.25 所示。

4. 数控加工程序说明卡

对加工程序进行详细的说明是非常有用的，它可以起到两个方面的作用：一是由于操作人员对程序内容不清楚，对编程人员的意图不够理解，经常需要编程人员在现场进行口头解

（厂名）	零件名称				零件号		
数控加工刀具卡片							
工步号	编号	刀片型号	刀柄型号	刀具尺寸(mm)		补偿号	
				直径	长度	D	H

图 2.25　数控加工刀具使用卡

释、说明指导。如果加工程序是用于长期批量生产的，编程人员很难每次都能到达现场，而通过查看程序说明卡，即可以解决本方面的问题。二是对于需要长时间保留和使用的复杂程序，加上详细说明可以使操作人员较容易地理解程序内容、明白加工的顺序，提高工作效率。

对加工程序需要详细说明的内容有：

① 所有数控设备及数控系统型号；

② 加工原点的位置及坐标方向；

③ 对刀点及允许的对刀误差；

④ 镜像加工使用的对称轴；

⑤ 整个程序加工内容的安排，使操作者明白先做什么后做什么。

⑥ 使用刀具的规格、图号及其在程序中对应的刀具号，必须按实际刀具半径或长度加大或缩小补偿值。

⑦ 子程序的说明。对编入的子程序应说明其内容，使操作者清楚子程序是干什么用的。

⑧ 特殊说明的问题，如需要更换夹紧点的计划停车程序段号，中间测量用的计划停车段号，允许的最大刀具半径和长度补偿值等。

思考与练习题

2-1　数控机床加工程序的编制主要包括哪些内容？

2-2　数控机床加工程序编制的方法有哪些？它们分别适用于什么场合？

2-3　在数控机床加工中，应考虑建立哪些坐标系？它们之间有何关系？

2-4　什么是准备功能指令和辅助功能指令？它们的作用如何？

2-5　M00、M02、M30 的区别是什么？

2-6　什么是绝对坐标与增量坐标？

2-7　什么是刀具自动补偿？具有这种功能的数控系统对编程工作有什么好处？

2-8　在数控加工中如何确定切削用量？

2-9　数控刀具应具备哪些特点？

2-10　对刀点有何作用？应如何确定对刀点？

第3章 数控车床的编程与工艺

3.1 数控车床简介

数控车床是一种高精度、高效率的自动化机床，也是使用数量最多的数控机床，约占数控机床总数的25%。它主要用于精度要求高、表面粗糙度好、轮廓形状复杂的轴类、盘类等回转体零件的加工，能够通过程序控制自动完成圆柱面、圆锥面、圆弧面和各种螺纹的切削加工，并能进行切槽、钻孔、扩孔、铰孔等加工。

3.1.1 数控车床的分类

根据数控车床的结构特点和功能，数控车床可分为以下几种。

1. 水平床身数控车床

水平床身数控车床又称为卧式车床，它的主轴为水平放置，刀架多为四工位或六工位前置刀架，跟普通车床结构类似。由于它的结构简单、操作方便、价格便宜，适用于一般机械工程厂家的使用，所以它的使用范围比较广，故该种机床又称为经济型车床。

2. 倾斜床身数控车床

倾斜床身数控车床的水平床身上布置了三角形截面的床鞍。其布局兼有水平床身的造价、横滑板导轨倾斜便于排屑和易接近操作的优点。滑板的倾斜角度有75°、70°和45°等几种。

3. 立式数控车床

立式数控车床的主轴为立置方式，卡盘为圆形水平放置，高度较低，方便装卸工件。适用于加工中等尺寸的盘类或壳体类零件。

4. 四坐标数控车床

四坐标数控车床设有两个 X、Z 坐标或多坐标复式刀架。可提高加工效率，扩大工艺能力。

5. 车削加工中心

车削加工中心在数控车床的基础上又配有了刀库和自动换刀装置，实现了在一台车床

上完成多道工序的加工，从而缩短了加工周期，提高了机床的生产效率和加工精度。还可以实现铣削的加工，如键槽的加工。若配上机械手，刀库料台和自动监测装置可构成车削加工单元，用于中小批量的柔性加工。

6. 专用数控车床

专用数控车床是专用加工某一种或几种工件的数控机床，如汽车曲轴加工数控车床。

3.1.2　数控车床的基本组成

数控车床的整体结构组成与普通车床的相同，同样由床身、主轴、刀架及拖板和尾架组成。但数字控制系统是数控装置特有的部件。下面以CK6150配装FANUC 0i-TD数控系统的数控车床为例，来介绍数控车床的基本组成。

1. 主机

主机是数控车床的机械部件，包括主轴箱、床鞍、刀架、尾座、进给机构和床身等。

2. 控制部分

控制部分(CNC装置)是数控车床的控制核心，包括专用计算机、显示器、键盘、输入和输出装置等。

3. 驱动装置

驱动装置是数控车床的执行机构的驱动部件，包括主轴电动机、进给伺服电动机等。

4. 辅助装置

辅助装置是指数控机床的一些配套部件，包括对刀仪、液压、润滑、气动装置、冷却系统和排屑装置等。

5. 机外编程器

由于数控机床经常用于加工一些外形比较复杂的零件，对于一些外形复杂的工件，手工编程会非常的困难，所以经常要借助于机外编程器。常在普通计算机上安装一套编程软件，使用这套软件可生成加工程序。再通过通讯接口把生成的程序输入给数控车床的控制系统，完成对零件的加工。它也是数控车床的重要组成部分。

3.1.3　数控车床的主要技术参数

1. 主机的技术参数

床身上最大回转直径:500 mm
最大车削直径:500 mm(四工位刀架)
　　　　　　　400 mm(六工位刀架)

最大加工长度:930 mm

主轴中心距床身导轨面的距离:250 mm

主轴转速范围:25～2200 mm

主轴驱动电机:7.5 kW

床鞍行程:X 轴　295 mm

　　　　Z 轴　1045 mm

进给速度:X 轴　工进速度 0.01～3000 mm

　　　　　　　快进速度 4000 mm

　　　　Z 轴　工进速度 0.01～6000 mm

　　　　　　　快进速度 8000 mm

床鞍定位精度:X 轴　0.015/100 mm

　　　　　　Z 轴　0.025/300 mm

床鞍重复定位精度:X 轴　±0.003 mm

　　　　　　　　Z 轴　±0.005 mm

机床外形尺寸(长×宽×高):2730 mm×1475 mm×1730 mm

2. 数控装置主要性能

以 FANUC-0i 数控系统为例来介绍:

控制轴数:　2 轴

联动轴数:　2 轴

最小输入增量: X 轴 0.001 mm

　　　　　　　Z 轴 0.001 mm

最小指令增量: X 轴 0.0005 mm/P

　　　　　　　Z 轴 0.001 mm/P

最大编程尺寸: ±9999.999 mm

另外,数控装置还具有多坐标轴联动功能、插补功能、进给功能、主轴功能、刀具功能、刀具补偿功能、机械误差补偿功能、操作功能、程序管理功能、图形显示功能、辅助编程功能、自诊断报警功能、通信功能等功能。

3.2　数控车床工艺基础

数控车床是随着现代化工业发展的需求在普通车床的基础上发展起来的,其加工工艺、所使用的刀具等与普通车床同出一源,但不同的是数控车床的加工过程是按预先编制好的程序,在计算机的控制下自动执行的。

数控车床与普通车床相比,其加工效率和加工精度更高,可胜任普通车床无法加工的、具有复杂曲面的高精度零件的加工,且可保证批量工件的一致性更好。

普通车床的加工工艺是由操作者操作机床实现的,而数控机床的工艺是预先在所编制的程序中体现的,由程序控制机床自动实现。合理的加工工艺对提高数控机床的加工效率和加工精度至关重要。

3.2.1 数控车床加工对象的选择

由于数控车床具有加工精度高、能作直线和圆弧插补功能，有些数控车床还具有非圆曲线插补以及加工过程中自动变速等功能，所以它的工艺范围要比普通车床宽得多。

1. 精度要求高的回转体零件

由于数控车床刚性好、制造和对刀精度高，并且能方便和精确地进行人工补偿和自动补偿，所以能加工精度要求高的零件，甚至可以以车代磨。

2. 表面粗糙度要求高的回转体零件

数控车床具有恒线速切削功能，能加工出表面粗糙度小的均匀的零件。使用恒线速切削功能，就可选用最佳速度来切削锥面和端面，使切削后的工件表面粗糙度既小又一致。数控车床还适合加工各表面粗糙度要求不同的工件。粗糙度要求大的部位选用较大的进给量，要求小的部位选用小的进给量。

3. 轮廓形状特别复杂和难以控制尺寸的回转体零件

由于数控车床具有直线和圆弧插补功能，部分车床数控装置还有某些非圆曲线和平面曲线插补功能，所以可以加工形状特别复杂或难于控制尺寸的的回转体零件。

4. 带特殊螺纹的回转体零件

普通车床所能车削的螺纹类型相当有限，它只能车等导程的直、锥面公、英制螺纹，而且一台车床只能限定加工若干导程的螺纹。而数控车床不但能车削任何等导程的直、锥面螺纹和端面螺纹，而且能车变螺距螺纹，还可以车高精度螺纹。

3.2.2 数控车床加工工艺的基本特点和主要内容

1. 数控车床加工工艺的基本特点

由于数控车床加工过程受控于程序，而普通车床的加工工艺受控于操作者，所以数控车床的工艺过程与普通车床工艺规程有较大的区别，涉及的内容也较广。数控车床的加工程序不仅要包括零件的工艺过程，而且还要包括切削用量、走刀路线、刀具尺寸以及车床的运动过程。因此要求编程人员对数控车床的性能、特点、运动方式、刀具系统、切削规范以及工件的装夹方法要非常的熟悉。工艺方案的好坏不仅会影响车床的效率的发挥，而且将直接影响到零件的加工质量。

2. 数控车床加工工艺的主要内容

数控车床加工工艺的主要内容包括如下内容：

① 选择适合在数控车床上加工的零件，确定工序内容；

② 分析被加工零件的图纸，明确加工内容及技术要求；

③ 确定零件的加工方案，制定数控加工工艺路线，如划分工序、安排加工顺序，处理与非数控加工工序的衔接等；

④ 加工工序的设计，如选取零件的定位基准、确定装夹方案、划分工步、选择刀具和确定切削用量等；

⑤ 数控加工程序的调整，如选取对刀点和换刀点、确定刀具补偿及确定加工路线等。

3.2.3 数控车床加工工艺分析

工艺分析是数控车削加工的前期准备工作。工艺制定的合理与否，对程序编制、机床的加工效率和零件的加工精度都有重要的影响。因此，应遵循一般的工艺原则并结合数控车床的特点，认真而详细地制定好零件的数控车床车削加工工艺。其主要内容有：分析零件图纸、确定工件在车床上的装夹方式、各表面的加工顺序和刀具的进给路线以及刀具、夹具和切削用量的选择等。

1. 数控车床加工零件的工艺性分析

(1) 零件图的分析。

零件图分析是工艺制定中的首要工作，主要包括以下几个方面。

① 尺寸标注方法分析。通过对标注方法的分析，确定设计基准、工艺基准、测量基准和编程基准之间的关系，尽量做到基准统一。

② 轮廓几何要素分析。通过分析零件的各要素，确定需要计算的节点坐标，对各要素进行定义，以便确定编程需要的代码，为编程做准备，同时检查元素的编程的充分性。

③ 精度及技术要求分析。只通过对精度进行分析，才能正确合理地选择加工方法、装夹方法、刀具及切削用量等，才能保证加工精度。

(2) 结构工艺性分析。

零件的结构工艺性是指零件对加工方法的适应性，即所设计的零件结构应便于加工成型。在数控车床上加工零件时，应根据数控车床的特点，认真审视零件结构的合理性。如图3.1(a)所示的零件应将宽度不同的三个槽，在无特殊要求时改为图3.1(b)所示的结构比较合理，因为这样可以减少用刀个数，少占用刀位，还节省换刀时间。

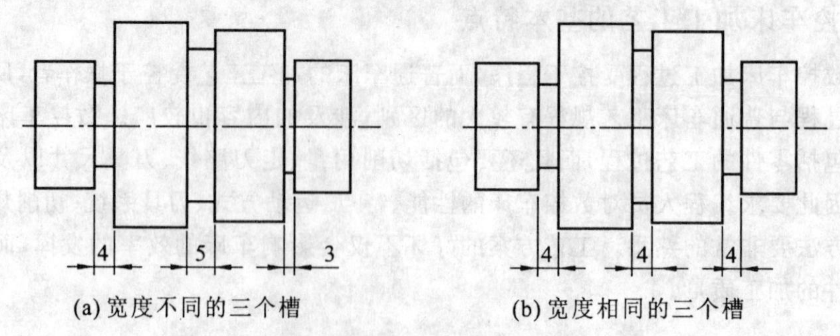

(a) 宽度不同的三个槽　　(b) 宽度相同的三个槽

图 3.1　结构工艺性示例

2. 数控车床加工工艺路线的拟订

在制定加工工艺路线之前，首先要确定加工定位基准和加工工序。

(1) 零件基准和加工基准的选择。

① 设计基准。车床上所能加工的工件都是回转体工件，通常径向设计基准为回转中心，轴向设计基准为工件的某一端面或几何中心。

② 定位基准。定位基准即加工基准，数控车床加工轴套类及轮盘类零件的定位基准，只能是被加工表面的外圆面、内圆面或零件端面中心孔。

③ 测量基准。测量基准用于检测机械加工工件的精度，包括尺寸精度、形状精度和位置精度。

(2) 加工工序的确定。

在数控车床上加工工件，应按工序集中的原则划分工序，即在一次安装下尽可能完成大部分甚至全部的加工。根据零件的结构形状不同，通常选择外圆和端面或内孔和端面装夹，并力求设计基准、工艺基准和编程原点的统一。在批量生产中，常使用下列两种方法划分工序。

① 按零件加工表面划分。将位置精度要求高的表面安排在一次安装下完成，以免多次安装产生的安装误差影响形状和位置精度。

② 按粗、精加工划分。对毛坯余量比较大和加工精度比较高的零件，应将粗车和精车分开，划分成两道或更多的工序。将粗加工安排在精度较低、功率较大的机床上，将精度较高的工序按排在精度较高的数控车床上。

(3) 加工顺序的确定。

在分析了零件图样和确定了工序、装夹方法之后，接下来要确定零件的加工顺序。制订加工顺序一般遵循下列原则。

① 先粗后精。按照粗车→半精车→精车的顺序进行，逐步提高加工精度。粗车将在较短的时间内把工件毛坯上的大部分加工余量切除，一方面提高加工效率，另一方面满足精车余量的均匀性要求。若粗车后，所留余量的均匀性满足不了精度要求时，则要安排半精加工，以满足工件的加工要求。精车要保证加工精度要求，按图样尺寸一刀连续切出零件的轮廓。

② 先近后远。按加工部位相对于对刀点的距离大小而言，在一般情况下，离对刀点远的部位后加工，以便缩短刀具移动距离，减小空行程时间。对于车削而言，先近后远还有利于保持坯件或半成品件的刚性，改善其切削条件。在数控车床上，对刀点一般选在工件的右端面。

③ 内外交叉。对既有内表面(内型腔)，又有外表面需要加工的零件，安排加工顺序时，应先进行内外表面的粗加工，后进行内外表面的精加工。切不可将工件的一部分表面(外表面或内表面)加工完了以后再加工其他表面(内表面或外表面)。

④ 基面先行。用于精基准的表面应优先加工出来，因为定位基准的表面越精确，装夹误差就越小。

⑤ 进给路线最短。确定加工顺序时，要遵循各工序进给路线的总长度最短。

上述原则并不是一成不变的，需要编程者根据实际生产的需要灵活运用。

(4) 进给路线的确定。

确定进给路线的工作重点，主要在于确定粗加工及空行程的进给路线，因精加工切削过程的进给路线基本都是沿零件的轮廓顺序进行的。进给路线指刀具从起刀点开始运动到完成加工返回该点的过程中刀具所经过的路线。为了实现进给路线最短，可从以下几点考虑。

① 最短的空行程路线，即刀具非切削工件时的进给路线在保证安全的前提下要求尽量

短，包括切入和切出的路线。

② 最短的切削进给路线。切削路线最短可有效地提高生产效率，降低刀具的损耗。

③ 大余量毛坯的阶梯切削进给路线。实践证明，无论是轴类工件还是套类零件在加工时采用阶梯去除余量的方法是比较高效的。但应注意每一个阶梯留出的精加工余量尽可能均匀，以免影响精加工质量。

④ 完工轮廓的连续切削进给路线。即精加工的进给路线要沿着工件的轮廓连续地完成最后的精加工。在这个过程中，应尽量避免刀具的切入、切出、换刀和停顿，避免刀具划伤工件的表面而影响零件的精度。

(5) 退刀和换刀。

① 退刀。退刀是指刀具离开零件的动作，它和进刀的动作通常以 G00 的方式(快速)运动，以节省时间。数控车床有三种退刀方式：斜线退刀如图 3.2(a)所示；径-轴向退刀如图 3.2(b)所示；轴-径向退刀如图 3.2(c)所示。退刀路线一定要保证安全性，即退刀的过程中保证刀具不与零件或机床发生碰撞；退刀还要考虑路线最短且速度要快，以提高工作效率。

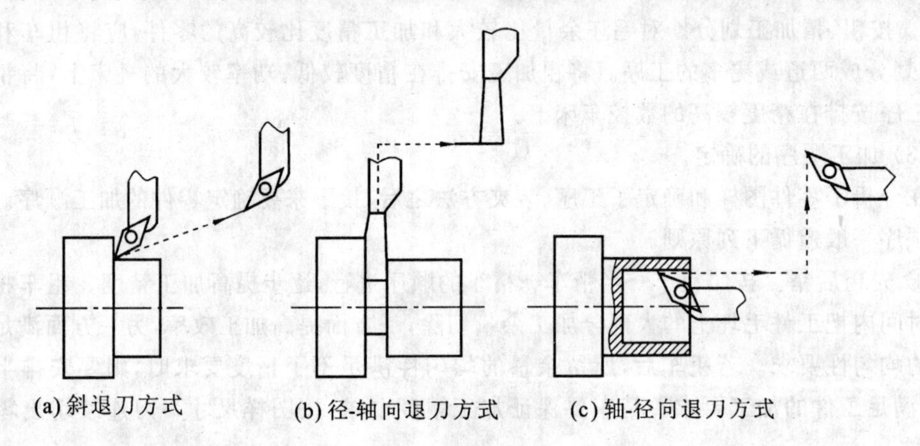

图 3.2 退刀方式

② 换刀。换刀的关键在与换刀点设置，换刀点必须保证安全性，即在执行换刀动作时刀台上每一把刀具都不要与零件或机床发生碰撞，而且尽量保证换刀路线最短即刀具在退离和接近零件时的路线最短。

(6) 切削用量的选择。

① 选择切削用量的一般原则。

粗车时，一般以提高生产率为主，兼顾经济性和加工成本。而提高切削速度、加大进给量和背吃刀量都能提高生产率，其中切削速度对刀具寿命影响较大，背吃刀量对刀具寿命影响较小，所以在粗加工时，首先应选择一个尽可能大的背吃刀量，其次选择较大的进给速度，最后在刀具使用寿命和机床功率允许的条件下选择一个合理的切削速度。

精车时，切削用量应保证加工质量，兼顾生产率和刀具寿命。精车时的背吃刀量应根据零件的加工精度、刀具的使用寿命要求以及粗车后留下的加工余量决定，一般是一次去除余量。

② 背吃刀量的选择。在工艺系统刚性和机床功率允许的情况下，可使用最大有效切削刃的长度，选择尽可能大的背吃刀量。

③ 主轴转速的确定。在切削内、外表面时，应根据零件上被加工部位的直径按零件和

刀具的材料及加工性质等条件所允许的切削速度来确定。在选择切削速度时应注意的是交流变频调速电动机低速输出力矩小，因而主轴转速不能选择太低。

在车螺纹时，主轴转速受到螺距的影响，可用经验公式 $n \leqslant 1200/P-K$（K 取 80）确定。

④ 进给速度的确定。进给速度是指在单位时间内刀具前进的距离。选择时应根据不同的进给方式（两种方式）确定。

（7）加工工艺文件的制订。将在工艺分析过程中得到的各种数据做成加工工艺文件对于数控加工程序的编制和工件成品的验收都是非常重要的环节，应认真填写。

3.2.4　数控车床工艺装备

1. 数控车床夹具的选择和定位及夹紧方案的确定

车床主要用于加工工件的内外圆柱面、圆锥面、回转成型面、螺纹及端面等表面。数控车床的夹具基本同于普通车床，大多采用三爪自定心卡盘，只是有些厂家为了节省装夹零件的时间，将卡盘和尾座做成液压或气动夹紧装置，提高了数控车床自动化程度。

工件在定位和夹紧时，应注意以下三点：

① 力求设计基准、工艺基准与编程原点统一，以减少基准不重合误差和数控编程中的计算工作量；

② 设法减少装夹次数。一次定位装夹后尽可能加工出工件所有加工面，提高加工表面之间的位置精度；

③ 避免采用人工占机调整方案，减少占机时间。

2. 刀具的选择

为了减少换刀时间和方便对刀，便于实现机械加工的标准化和提高工件尺寸的一致性，数控车床常采用机夹式可转位车刀。机夹式车刀与普通焊接车刀相比一般无本质的区别，其基本结构、功能特点是相同的。

常用车刀的种类、形状和用途如图 3.3 所示。

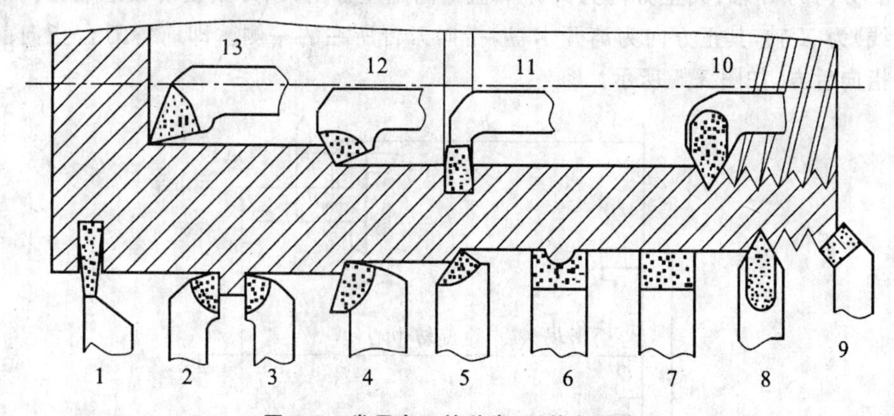

图 3.3　常用车刀的种类、形状和用途

1—切断刀；2—90°左偏刀；3—90°右偏刀；4—弯头车刀；5—直头车刀；6—成型车刀；7—宽刃精车刀；8—外螺纹车刀；9—端面车刀；10—内螺纹车刀；11—内槽刀；12—通孔车刀；13—盲孔车刀

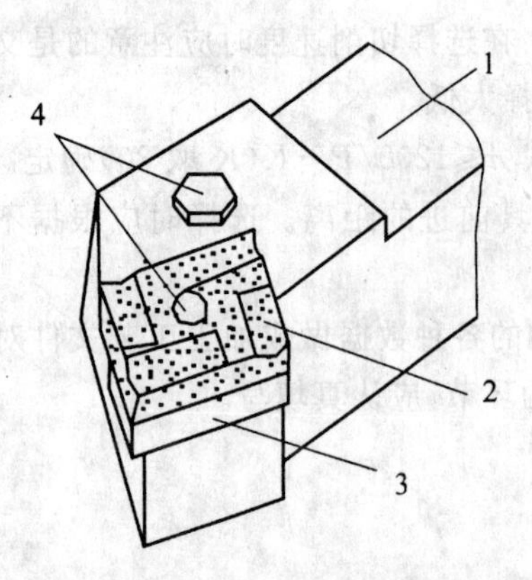

图 3.4　机夹式可转位车刀结构形式
1—刀杆；2—刀片；3—刀垫；4—夹紧元件

数控车床常用的机夹可转位式车刀结构形式如图 3.4 所示。

(1) 刀片的选择。

常用刀片的材料有高速钢、硬质合金、涂层硬质合金、陶瓷、立方氮化硼和金刚石等，其中应用最多的是硬质合金和涂层硬质合金刀片。选择刀片材质主要依据被加工工件的材料、被加工表面的精度、表面质量要求、切削载荷的大小以及切削过程有无冲击和振动等。

(2) 刀片尺寸的选择。

刀片尺寸的大小取决于必要的有效切削刃长度。有效切削刃长度与背吃刀量和刀具的主偏角有关，使用时可查阅有关的刀具手册选取。

(3) 刀片形状的选择。

刀片形状主要依据被加工工件的表面形状、切削方法、刀具寿命和刀片的转位次数等因素选择。刀具形状可查阅相关的刀具手册选取。

3.3　数控车床坐标系统的设定和对刀调整

3.3.1　数控车床坐标系统的设定

1. 数控车床坐标系统的组成

数控车床坐标系统主要包括机床坐标系、编程坐标系和工件坐标系。

(1) 机床坐标系。

数控车床的坐标系是以车床主轴旋转中心与卡盘端面的交点处为机床原点；与主轴轴线平行的方向为 Z 轴，其正方向为离开卡盘指向尾座方向；以刀架横滑板运动方向(垂直于主轴轴线)为 X 轴，其正方向为离开卡盘，指向刀台所在的一侧。即前置刀台指向前方，后置刀台指向后方，如图 3.5 所示。

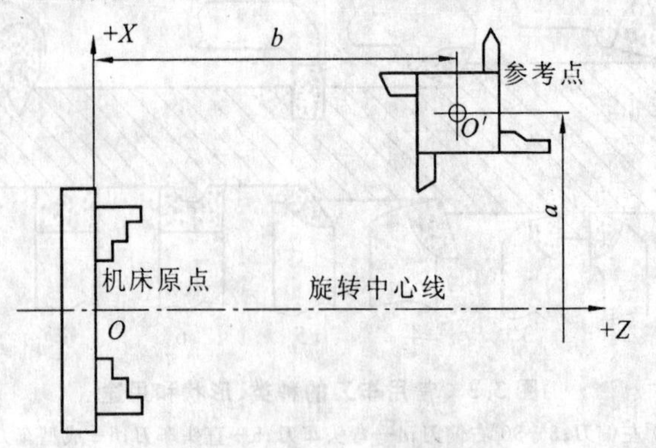

图 3.5　数控车床坐标系

机床坐标系是机床固有的坐标系，是制造和调整机床的基础，也是设置工件坐标系的基础。它是由机床厂家设定的，一般不允许用户随意变动。

(2) 机床参考点。

机床参考点同机床原点一样也是机床上的一个固定点，它是以机床坐标系为基础而建立的。该点是刀架退离到一个固定不变的极限点，是 X 轴和 Z 轴正方向极限位置，它的位置是由机械挡块或行程开关来确定的，并且与机床坐标原点有精确的位置关系，即如图 3.5 所示的 O' 点。

以参考点为原点，坐标方向与机床坐标系坐标轴方向相同建立的参考坐标系才是实际生产中用到的坐标系。参考点又称为机械原点。

当机床每次开机通电，或解除急停报警、超程报警后，必须通过回参考点来确认机床坐标系，才能保证刀具沿正确的轨迹运行，回参考点时，以快速运动方式运行。

(3) 编程坐标系。

编程坐标系是在零件图纸上建立的，是程序数据的基础。编程坐标系仅用于程序的编制，与机床坐标系无关。

(4) 工件坐标系。

工件坐标系是通过执行“G50 X_ Z_”程序段或对刀操作而建立。工件坐标系建立的过程就是确定编程坐标系在机床坐标系中位置的过程，是将机床坐标系和编程坐标系建立关系的过程。对刀操作实际上是找到编程原点在机床坐标系中的坐标值，再以该点为原点建立与编程坐标系一致的工件坐标系。建立了工件坐标系以后，机床才能够按照编程坐标数据对工件进行加工。工件坐标原点通常选在工件的右端面或左端面中心处。

2. 工件坐标系的建立

工件坐标系建立的前提是工件毛坯已装在了机床上，需要确定编程坐标系在机床坐标系中的位置。

(1) 建立工件坐标系指令(G50)。①

通过设置刀具起点相对于工件坐标系的坐标值来设定工件坐标系。刀具起点是加工开始前刀具所在的位置，该位置一般设在工件外的安全点。如图 3.6 所示，起刀点相对工件坐标系的坐标为(a,b)，执行程序段“G50 Xa Zb;”后系统内部可找到距起刀点距离分别为$-a$、$-b$ 的一点作为工件原点，建立了工件坐标系 OXZ。

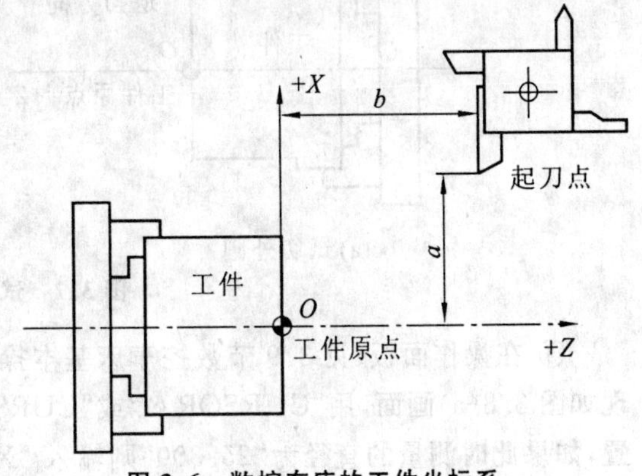

图 3.6　数控车床的工件坐标系

注意：① 在执行此指令前，通过调整机床使刀尖必须要在设定坐标(a,b)处，否则会设定错误的工件坐标系。② 在执行此指令时，刀台并不移动，只在系统内部记忆坐标(a,b)并建立工件坐标系。

---

① SIMENS 802S/C 系统用 G92 指令。

(2) 预置工件坐标系(G54～G59)。

预置工件坐标系是通过测定出工件坐标系的原点距机床原点的偏置值,并把该偏置值通过参数设定的方式预置在机床参数数据库中。在使用时只要在程序中输入相应的位置指令 G54～G59 来调用即可。例如,G54 G00 X_ Z_,(X,Z)坐标是 G54 中预置的工件坐标系里的坐标值。

3.3.2 数控车床对刀调整

数控车床为了节约换刀时间、提高工件的尺寸一致性,多采用机夹式可转位车刀。刀台多为立式或卧式 4 工位、6 工位或 12 工位等多工位,刀具可同时安装在刀台上,程序可控制自动换刀。

数控车床的对刀调整正确性直接影响是否正确地建立了工件坐标系和数控车床能否沿正确的轨迹加工工件,所以在运行程序以前必须正确地对刀。对刀方法有以下几种。

1. 手动对刀法

手动对刀是最基本的对刀方法,其过程类似于传统的“试切—测量—调整”。其操作步骤如下。

① 对刀前先手动执行机床回参考点的操作。

② 试切外圆。手动(手轮或 JOG 方式)操纵机床加工外圆试切一刀,保持 X 方向位置不变,沿 Z 轴正向退刀,如图 3.7(a)所示,待主轴停转后测量工件的直径 D,或记下 X 方向的机械坐标值。

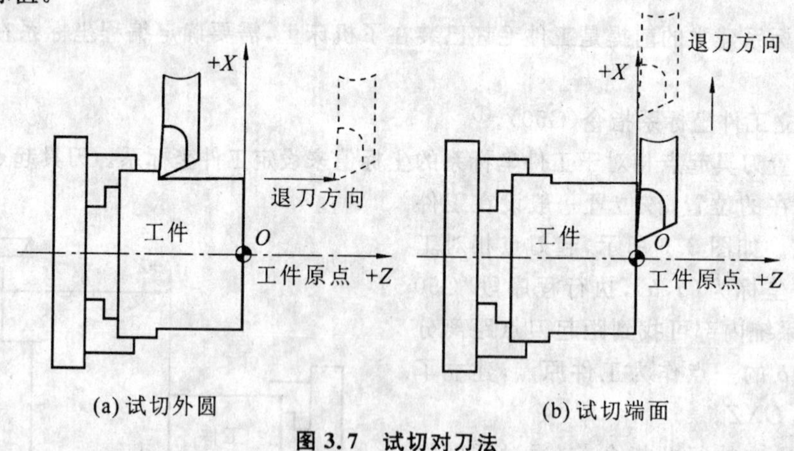

图 3.7 试切对刀法

③ 在操作面板(见 3.9 节数控车床基本操作方法)上,按“OFSET”键,按“形状”软键出现如图 3.8(a)画面,用“CURSOR↑”或“CURSOR↓”键将光标移至与刀号相应的刀补号位置,如果此时测量的直径为“25.300”则输入 “X25.300”,按“测量”键输入即可。数控系统会自动计算该直径的回转中心为 X 方向的工件原点。

④ 试切端面。用同样的方法再将工件右端面试切一刀,保持刀具 Z 坐标位置不变,沿 X 轴正向退刀,如图 3.7(b)所示。记下此端面的机械坐标值,然后将编程坐标系中此端面对应的坐标值或记下的机械坐标值按说明书的格式要求输入数控系统的特定位置。

⑤ 在操作面板上，按“OFSET”键，按“形状”软键出现如图 3.8(b)所示的界面，用“CURSOR↑”或“CURSOR↓”键将光标移至与刀号相应的刀补号位置。如果对刀右端面为工件原点则输入“Z0”按“测量”键输入即可。

```
工具补正/形状                        O0010 N0200
番号    X          Z           R      T
G01  -295.005   -325.966     0.5     03
G02  -301.255   -345.326     2.5     08
G03   0.000      0.000       0.000   00
G03   0.000      0.000       0.000   00
G03   0.000      0.000       0.000   00
G03   0.000      0.000       0.000   00
G03   0.000      0.000       0.000   00
G03   0.000      0.000       0.000   00
现在位置 (相对坐标)
      U   0.000            W  0.000
ADRS MX 25.300              S        0T
                     Jog
 [磨耗]  [形状] [工件移] [MACRO] [ ]
```

(a) X方向对刀值输入界面一

```
工具补正/形状                        O0010 N0200
番号    X          Z           R      T
W01  -295.005   -325.966     0.5     03
W02  -301.255   -345.326     2.5     08
W03   0.000      0.000       0.000   00
W03   0.000      0.000       0.000   00
W03   0.000      0.000       0.000   00
W03   0.000      0.000       0.000   00
W03   0.000      0.000       0.000   00
W03   0.000      0.000       0.000   00
现在位置 (相对坐标)
      U    0.000            W  0.000
ADRS MZ   0                  S        0T
                     Jog
 [磨耗]  [形状] [工件移] [MACRO] [ ]
```

(b) X方向对刀值输入界面二

图 3.8　形状补偿界面

这样就完成了对刀操作，在程序中再通过调用刀补号 T×××× 建立和调用工件坐标系。此方法的缺点就是对刀时间长，对每一把刀都要执行对刀操作，但考虑机床成本，该方法应用较广。

2. 机外对刀仪对刀

机外对刀的本质是测量出刀具假想刀尖点至刀具台基准之间 X 及 Z 方向的距离。利用机外对刀仪可将刀具预先在机床外校对好，以便装上机床后将对刀长度输到相应刀具补偿号即可以使用。

3. 自动对刀

自动对刀是通过刀尖检测系统实现的，刀尖以设定的速度向接触式传感器接近，当刀尖与传感器接触并发出信号，数控系统立即记下该瞬间的坐标值，并自动修正刀具补偿值。

3.4　数控车床的编程特点和基本编程指令

3.4.1　数控车床的编程特点

(1) 在一个程序段中，根据图样上标注的尺寸，可以采用绝对编程、增量编程或者两者混用。一般情况下，利用自动编程软件编程时，通常用绝对编程。

(2) 被加工零件的径向尺寸在图样上和测量时，一般用直径值表示，所以编程时采用直径编程更为方便。用增量编程时注意以径向实际距离的 2 倍表示，并附上方向符号。

(3) 为提高工件的径向尺寸的精度，X 方向的脉冲当量取 Z 方向的一半。

(4) 由于车削加工常用棒料或锻料作为毛坯，加工余量较大，为简化编程，数控装置常具备不同形式的固定循环，可进行多次重复循环切削。

(5) 编程时,认为车刀刀尖是一个点,而实际上为了提高刀具寿命和工件表面质量,车刀刀尖常磨成一个半径不大的圆弧,为了提高工件的加工精度,编制圆头刀程序需要对刀具半径进行补偿。大多数数控车床都具有刀具半径自动补偿功能(G40、G41、G42),这类机床可以直接按工件的轮廓尺寸编程。

3.4.2 数控车床的程序功能

数控车床根据功能和性能要求,配置了不同的数控系统。系统不同,其指令代码也有差别。因此,编程时应按所使用数控系统的代码的编程规则进行编程。以下是 FANUC 0i 数控系统的编程代码。

1. 准备功能——G 指令

格式:G××。

它是指定数控系统准备好某种运动和工作方式的一种命令,由地址 G 和后面的两位数字"××"组成。

常用 G 功能指令如表 3.1 所示。

表 3.1 常用 G 功能指令

代码	组别	功能	代码	组别	功能
G00		快速点定位	G65	00	宏程序调用
G01		直线插补	G70		精车循环
G02	01	顺圆弧插补	G71		外圆粗车循环
G03		逆圆弧插补	G72		端面粗车循环
G32		螺纹切削	G73	00	固定形状粗车循环
G04	00	暂停延时	G74		端面转孔复合循环
G20	06	英制单位	G75		外圆切槽复合循环
G21		公制单位	G76		螺纹车削复合循环
G27	00	参考点返回检测	G90		外圆切削循环
G28		参考点返回	G92	01	螺纹切削循环
G40		刀具半径补偿取消	G94		端面切削循环
G41	07	刀具半径左补偿	G96	02	主轴恒线速度控制
G42		刀具半径右补偿	G97		主轴恒转速度控制
G50	00	坐标系的建立、主轴最大速度限定	G98	05	每分钟进给方式
G54-G59	11	零点偏置	G99		每转进给方式

注:表中代码 00 组为非模态代码,只在本程序段有效。其余各组均为模态代码,在被同组代码取代之前一直有效。同一组的 G 代码可以互相取代;不同组的 G 代码在同一程序段中可以指令多个,同一组的 G 代码出现在同一程序段中,最后一个有效。

2. 辅助功能——M 功能

格式:M××。

它主要用来表示机床操作时的各种辅助动作及其状态。由 M 及其后面的两位数字“××”组成。

常用 M 功能指令如表 3.2 所示。

表 3.2 常用 M 功能指令

代码	功能	用途
M00	程序停止	程序暂停,可用 NC 启动命令(CYCLE START)使程序继续运行
M01	选择停止	计划暂停,与 M00 作用相似,但 M01 可以用机床“任选停止按钮”选择是否有效
M02	程序结束	该指令编程于程序的最后一句,表示程序运行结束,主轴停转,切削液关,机床处于复位状态
M03	主轴正转	主轴顺时针旋转
M04	主轴反转	主轴逆时针旋转
M05	主轴停止	主轴旋转停止
M07	切削液开	用于切削液开
M08		用于切削液开
M09	切削液关	用于切削液关
M30	程序结束且复位	程序停止,程序复位到起始位置,准备下一个工件的加工
M98	子程序调用	用于调用子程序
M99	子程序结束及返回	用于子程序的结束及返回

3. 刀具功能——T 功能

格式:T××××。

该功能主要用于选择刀具和刀具补偿号。执行该指令可实现换刀和调用刀具补偿值。它由 T 和其后的 4 位数字组成,其前两位“××”是刀号,后两位“××” 是刀补号。

例如,T0101 表示第 1 号刀的 1 号刀补;T0102 则表示第一号刀的 2 号刀补,T0100 则表示取消 1 号刀的刀补。

4. 主轴转速功能——S 功能

格式:S×××××。

它由地址码 S 和其后的若干数字组成,单位为 r/min,用于设定主轴的转数。例如,S320 表示主轴以每分钟 320 转的速度旋转。

(1) 恒线速控制指令——G96 指令。当数控车床的主轴为伺服主轴时,可以通过指令 G96 来设定恒线速控制。系统执行 G96 指令后,便认为用 S 指定的数值表示切削速度。例如，G96 S150，表示切削速度为 150 m/min，单位变成了 m/min。

(2) 恒转速控制指令——G97 指令。G97 是取消恒线速控制指令，编程了 G97 以后，S 指定的数值表示主轴按每分钟的转速。单位由 G96 指令的 m/min 变回 G97 指令的 r/min。

(3) 主轴最高转速限制指令——G50 指令。G50 指令除有工件坐标系设定功能外，还有主轴最高转速限制功能。例如，G50 S2000，表示主轴最高转速设定为 2000 r/min，用于限制在使用 G96 恒线速切削时，避免刀具在靠近轴线时主轴转速会无限增大而出现飞车事故。

5. 进给功能——F 功能

格式：F××。

进给功能 F 表示刀具中心运动时的前进速度。由地址码 F 和其后的若干数字组成。F 功能用于设定直线(G01)和圆弧(G02、G03)插补时的进给速度。一般情况下，数控车床进给方式有以下两种。

(1) 分进给——G98 指令。进给单位为 mm/min 或 in/min，即按每分钟前进的距离来设定进刀速度，进给速度仅跟时间有关。例如，G98 F100 表示进给量设定为每分钟进给量为 100 mm/min，如图 3.9(a)所示。

(2) 转进给——G99 指令。进给单位为 mm/r 或 in/r，即按主轴旋转一周刀具沿进给方向前进的距离来设定进刀速度，进给速度与主轴转速建立了联系。例如，G99 F0.2 表示进给量为 0.2 mm/r，如图 3.9(b)所示。

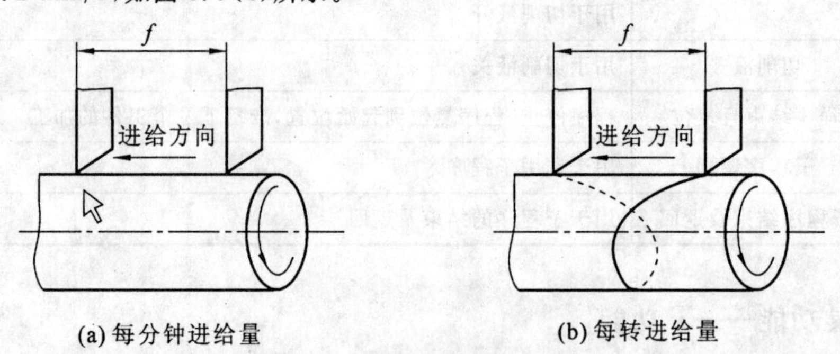

(a) 每分钟进给量　　(b) 每转进给量

图 3.9　数控车床进给方式

注意：G98 和 G99 是同组续效 G 代码，切削进给的极大值由系统内部参数设定，即当 F 后的数值大于该值时，按该大值进给。切削进给的最小值为 0。实际进给速度可通过 CNC 操作面板上的进给倍率控制，通常在 0～150%之间变化。

3.4.3　数控车床尺寸系统的编程

1. 绝对编程和相对编程

绝对编程是指程序段中的坐标值均是相对于工件坐标系的坐标原点来计量的，用 X、Z 来表示。相对编程是指程序段中的坐标值均是相对于起点来计量的，用 U、W 来表示。有的系统用 G90/G91 来转换绝对编程和相对编程方法。如对图 3.10 所示的移动分别用绝对方式编程和相对方式编程，其程序如下。

绝对编程:X35.0 Z40.0;

相对编程:U20.0 W-60.0;

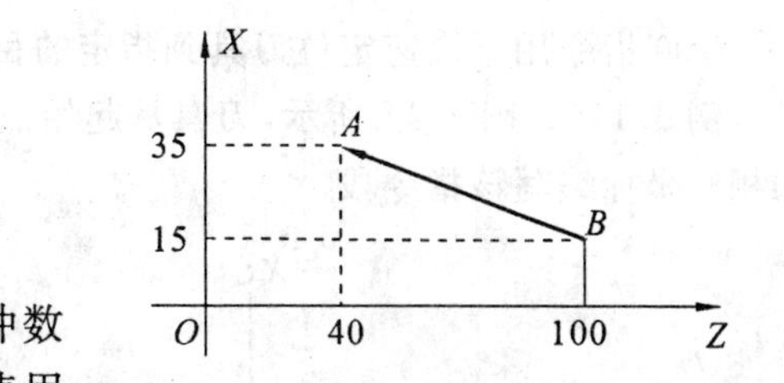

图 3.10　绝对编程和相对编程

2. 小数点的输入

数控编程可使用小数点编程,也可使用脉冲数编程。例如,从点(0,0)移动到点(100,0),若使用小数点编程时的表示方式为:X100.0 或 X100.。若使用脉冲数表示,当脉冲当量为 0.001(即伺服电动机接受一个脉冲信号时,工作台前进的距离)时,从点 A 到点 B 的表示方法为:X100 000。

下列地址量可以用小数点输入:X,Z,U,W,R,I,K,F 等。

3. 直径编程和半径编程

当地址 X 后坐标值是直径时,称直径编程;当地址 X 后的坐标值是半径时,称半径编程。由于数控车床加工的工件多为回转体工件,地址 X 后的坐标值多用直径编程。如图 3.10 所示的移动分别用直径和半径编程,其程序如下。

直径编程:X30.0　Z40.0;

半径编程:X15.0　Z40.0;

说明:

(1) 采用直径编程或半径编程方式可在机床控制系统中用系统内部参数来设定;有的系统可通过编程指令在程序中转换直径编程和半径编程方式,例如,SIEMENS 802S/C 数控系统用 G22/G23 指令转换。以后的例题中如没有特别说明均按直径编程方式。

(2) 无论是直径编程还是半径编程,圆弧插补时地址 R、I 和 K 的坐标值都以半径值编程,需要在以下章节学习时特别注意。

4. 公制尺寸和英制尺寸转换指令(G21/G20)

数控系统可根据所设定的状态,利用代码把所有的几何值转换为公制尺寸或英制尺寸。公制尺寸用 G21 设定,英制尺寸用 G20 设定。

使用公制/英制转换时,必须在程序开头一个独立的程序段中指定上述 G 代码,然后才能输入坐标尺寸。

下列尺寸值可以被转换:① 进给速度值;② 位置坐标值;③ 刀补值和偏置量;④ 手摇脉冲发生器的刻度值单位。该指令为续效指令,系统通电后,默认公制尺寸状态。

公英制单位的换算关系为:1 mm≈0.0394 in,1 in≈25.4 mm。

3.4.4　数控车床的基本编程指令

1. 快速点定位(G00)

指令格式如下。

绝对编程:G00 X_ Z_;

相对编程:G00 U_ W_;

G00 指令用于快速定位刀具到指定的目标点(X,Z)或(U,W)。

例 3.1 如图 3.11 所示，刀具从起始点 A 点快速定位到 B 点准备车外圆，分别用绝对和相对坐标编写该指令段。

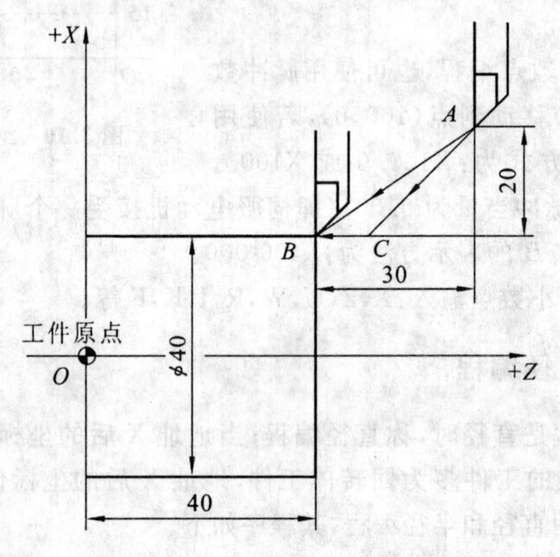

图 3.11 快速点定位路线

绝对编程：G00 X40.0 Z40.0；

相对编程：G00 U－40.0 W－30.0；

说明：

(1) 使用 G00 时，快速移动的速度是由系统内部参数设定的，跟程序中指定的 F 进给速度无关，且受到修调倍率的影响在系统设定的最小和最大速度之间变化。G00 不能用于切削工件，只能用于刀具在工件外的快速定位。

(2) 在执行 G00 指令段时，刀具沿 X、Z 轴分别以该轴的最快速度向目标点运行，故运行路线通常为折线。如图 3.11 所示，刀具由 A 点向 B 点运行的路线是 $A \rightarrow C \rightarrow B$。所以使用 G00 时一定要注意刀具的折线路线，避免与工件碰撞。

2. 直线插补(G01)

指令格式如下。

绝对编程：G01 X_ Z_ F_；

相对编程：G01 U_ W_ F_；

G01 指令用于直线插补加工到指定的目标点(X,Z)或(U,W)，插补速度用 F 后的数值指定。

例 3.2 如图 3.11 所示，刀具从起始点 A 点直线插补到 B 点，分别用绝对和相对坐标编写该指令段。

绝对编程：G01 X40.0 Z40.0 F0.3；

相对编程：G01 U－40.0 Z－30.0 F0.3；

说明：

(1) G01 指令用于车削工件，车削速度由 F 指定，并受倍率修调开关的影响，在 0%～

150％之间变化。

(2) 在执行G01指令段时，刀具为了保证运行路线是刀具起点和终点的连线，要进行插补运算，合理地分配各个轴的移动速度。如图3.11所示，从A点到B点插补的路线为AB的连线。

3. 圆弧插补(G02，G03)

指令格式如下。

绝对编程：G02(G03)X_ Z_ R_ (I_ K_) F_ ；

相对编程：G02(G03)U_ W_ R_ (I_K_) F_ ；

该指令用于刀具在指定平面内按F给定的速度作圆弧运动，切削出圆弧形状。其中G02为顺圆弧加工指令，G03为逆圆弧加工指令。

数控车床的刀架有两种形式，刀架在操作者的内侧称前置刀架，刀架在操作者的外侧称后置刀架。无论是前置刀架还是后置刀架，圆弧的顺逆都按以下原则来判断：根据右手笛卡儿法则找出数控车床的Y轴，然后从Y轴的正方向看向负方向，沿着刀具前进的方向是顺时针的用G02，逆时针的用G03。

如图3.12所示，刀具的前进路线是$A \to B \to C$，所以AB段为顺圆弧用G02，BC段为逆圆弧用G03。

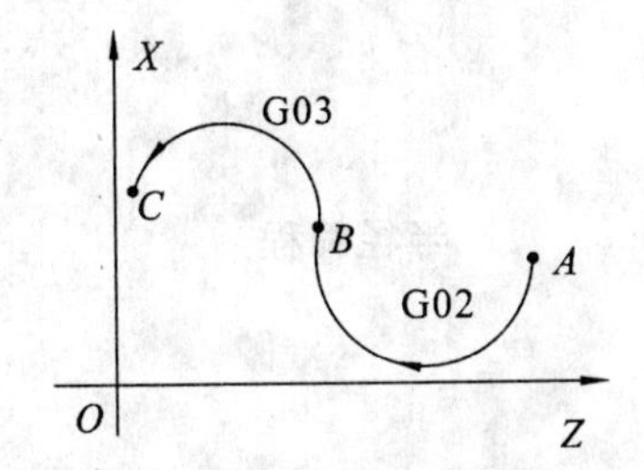

图3.12　顺、逆圆弧的判断

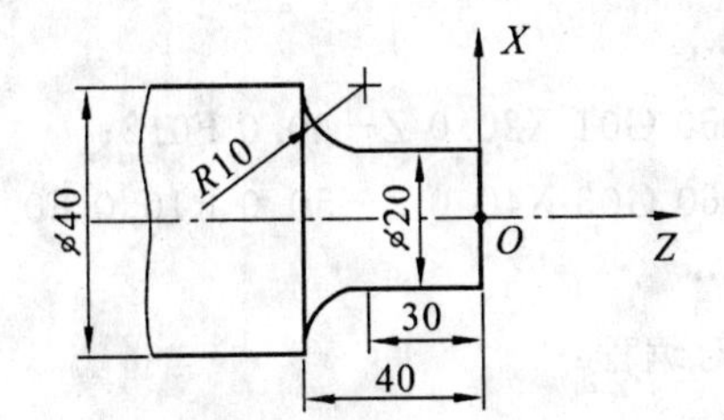

图3.13　顺时针车圆弧

例3.3　车削如图3.13所示的工件，试编写圆弧加工程序。

用上述判断方法可知此圆弧为顺圆弧用G02代码编程，程序如下。

绝对编程：

……

N050 G01 X20.0 Z−30.0 F0.2；

N060 G02 X40.0 Z−40.0 I10.0(K0)F0.15；　　圆心编程

……

或

……

N050 G01 X20.0 Z−30.0 F0.2；

N060 G02 X40.0 Z−40.0 R10.0 F0.15；　　半径编程

……

相对编程：

……

N050 G01 U0 W－30.0 F0.15；

N060 G02 U20.0 W－10.0 I10.0(K0)F0.15；　　圆心编程

……

或

……

N050 G01 U0 W－30.0 F0.2；

N060 G02 U20.0 W－10.0 R10.0 F0.15；　　半径编程

……

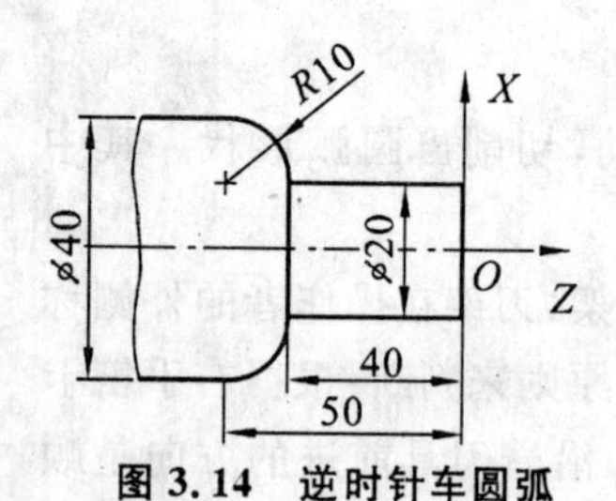

图 3.14　逆时针车圆弧

例 3.4　车削如图 3.14 所示的工件，试编写圆弧加工程序。

用上述判断方法可知此圆弧为逆圆弧用 G03 代码编程，程序如下。

绝对编程：

……

N050 G01 X20.0 Z－40.0 F0.2；

N060 G03 X40.0 Z－50.0　(I0)　K－10.0 F0.15；　圆心编程

……

或

……

N050 G01 X20.0 Z－40.0 F0.2；

N060 G03 X40.0 Z－50.0 R10.0 F0.15；　　半径编程

……

相对编程：

……

N050 G01 U0 W－40.0 F0.2；

N060 G03 U20.0 W－10.0　(I0)　K－10.0 F0.15；　圆心编程

……

或

……

N050 G01 U0 W－40.0 F0.2；

N060 G03 U20.0 W－10.0 R10.0 F0.15；　　半径编程

……

说明：

(1) 在执行 G02、G03 指令段时，刀具相对工件以 F 指令的进给速度，从当前点向终点进行圆弧插补。

(2) 当采用绝对编程时，圆弧终点坐标为圆弧终点在工件坐标系中的坐标值(X,Z)，当采用增量编程时，圆弧终点坐标相对于圆弧起点的增量值(U,W)，径向增量 U 为直径增量。

(3) 圆弧编程时，有两种编程方法：半径编程和圆心编程。

(4) 用半径编程时，当圆心角在 0°～180°时，R 取正值；当圆心角在 180°～360°时，R 取

负值，且不能指定整圆，如图3.15所示。

(5) 用圆心编程时，I、K指的是圆弧的圆心相对圆弧的起点的坐标增量(径向为半径增量)，与绝对/相对编程、直径/半径编程无关。当I、K和R同时被指定时，R有效。

(6) 当X、Z、U、W、I和K项为零时，该项可省略。

4. 自动倒角指令

指令格式：

G01 X_ Z_ C_(R_)；

FANUC 0i系统中G01指令还可以用于在两相邻轨迹线间自动插入倒角和倒圆控制功能。使用时在指定直线插补的程序段段尾加上：

C_；自动倒角控制功能；

R_；自动倒圆控制功能。

说明：C后面的数值表示倒角起点和终点距未倒角前两相邻轨迹线交点的距离，R后的数值表示倒圆半径。

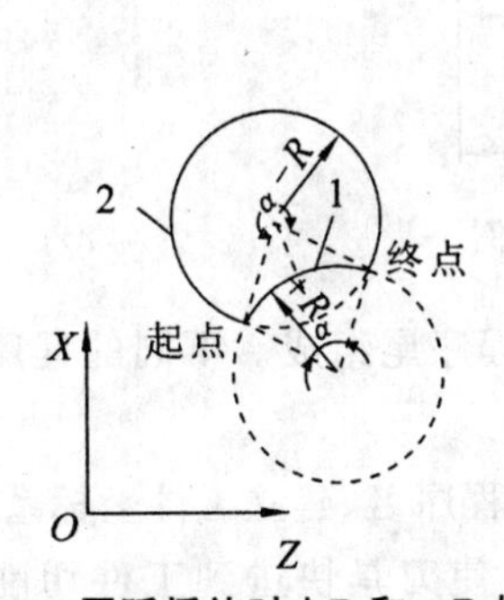

图3.15　圆弧插补时+R和-R的区别

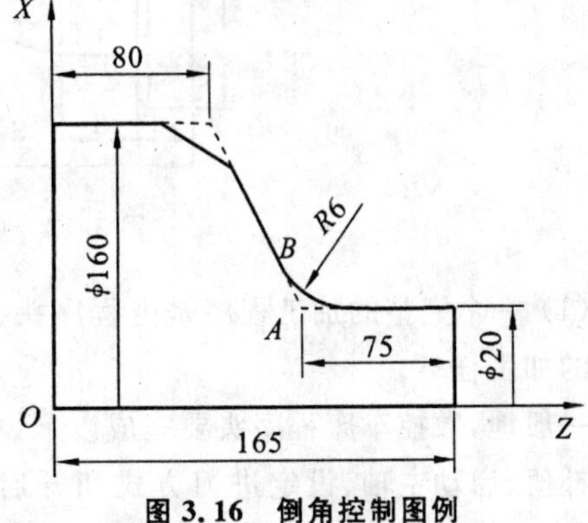

图3.16　倒角控制图例

例3.5　如图3.16所示的工件，试使用自动倒角功能编写加工程序。

加工程序如下：

```
……
N100 G01 W-75.0 R6.0 F0.2;
N110 U120.0 W-10.0 C3.0;
N120 W-80.0;
……
```

说明：

(1) 第二直线段必须从点B而不是从点A开始。

(2) 在螺纹切削程序段中不能出现倒角控制指令。

(3) 当X、Z轴指定的移动量比指定的R或C小时，系统将报警。

5. 暂停延时指令(G04)

指令格式：

G04 P_　　；后跟整数值，单位为ms(微秒)

或　G04 X(U)_；后跟带小数点的数，单位为 s(秒)

该指令可使刀具短时间无进给光整加工，主要用于车槽、盲孔及自动加工螺纹等。

例 3.6　要求刀具暂停 2.5 s，试编写加工程序。

加工程序如下：

G04 X2.5；或 G04 U2.5；或 G04 P2500。

3.4.5　实例分析

例 3.7　试编写如图 3.17 所示零件的轮廓精车和槽加工程序。

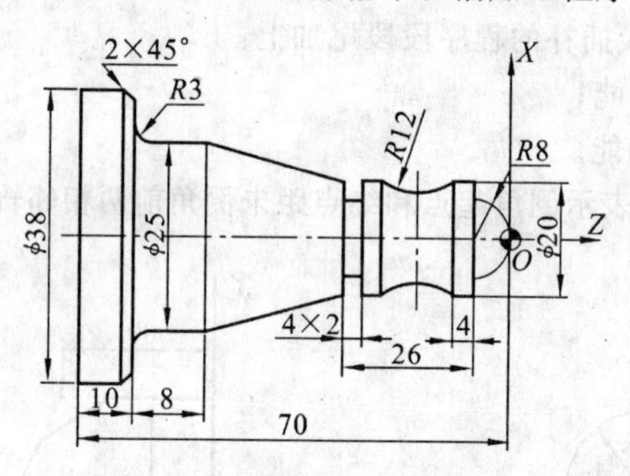

图 3.17　基本指令编程图例

(1) 一个完整的加工程序是由程序头、程序主干和程序尾组成。不同的程序段要完成不同的加工任务。

一般地，数控车床程序头要完成以下设置任务：选定程序名、建立工件坐标系、选定刀具及刀补值、启动主轴、设定进刀方式和开启切削液，还要使刀具快进到工件切削起点的附近等。

程序的主干则是由具体的车削轮廓的各程序段组成，各程序段可由基本指令、单一固定循环、复合固定循环和子程序等组成。

程序尾则必须要有退刀、主轴停止、切削液停止和程序结束且复位等指令段。

(2) 简单工艺分析。

此工件包括外轮廓和槽的加工，所以要使用两把刀，即外轮廓车刀和切槽刀。轮廓的精加工余量通常要连续一次性去除。因轮廓中有凹弧存在，所以外轮廓车刀必须具有合适的副偏角。切槽刀选用刀宽为 4 mm 的切断刀。

选择工件的右端面中心为工件原点，如图 3.17 中 *O* 点所示。根据图中尺寸的标注特点，此程序宜采用绝对和相对坐标混合编程的方法。

(3) 加工程序如下。

N1:(外轮廓程序)

N10 O0001;

N20 G50 X100.0 Z100.0;	建立工件坐标系
N30G00 G99 G97 T0101 M03 S1200 F0.3;	设定进给方式、刀具、启动主轴和进给速度
N40 T0101;	选择刀具，建立工件坐标系

N50 X0 Z3.0；	快速定位到毛坯的右端
N60 G01 Z0 F0.15；	以车削速度进刀到圆弧的起始点
N70 G03 X16.0 Z－8.0 R8.0；	车 $R8$ 逆圆弧
N80 G01 X20.0；	车端面
N90 　W－4.0；	车 $\phi20\times4$ 外圆
N100 G02(X0)W－14.0 R12.0；	车 $R12$ 圆弧
N110 G01 W－8.0；	车 $\phi20\times8$ 外圆
N120 　X25.0 W－18.0；	车锥面
N130 　W－8.0 R3.0；	$\phi25\times8$ 外圆且倒 $R3$ 圆角
N140 　X38.0 C2.0；	车端面且倒 2×45 度倒角
N150 　W－10.0	车 $\phi38\times10$ 外圆
N160 G00 X100.0 Z150.0 M09；	退刀保证换刀安全，切削液关
N2：(切槽程序)	
N170 T0202 S200 F0.05；	换刀，换主轴转速和进给速度
N180 G00 X22.0 Z－34.0；	快速定位到切槽位置
N190 G01 X16.0；	切槽
N200 G04 X3.0；	暂停 3 s
N210 G00 X22.0；	沿径向退刀，使切槽刀从槽中退出
N220 　X100.0 Z150.0；	退刀
N230 M05；	主轴停转
N240 M30；	程序结束且复位

3.5　数控车床固定循环指令的应用和子程序的编写

固定循环是指用含 G 功能的一个程序段来完成需要用多个基本指令编写的程序段才能完成的加工操作，从而使程序得以简化。

由于数控车床加工的工件毛坯多为圆钢棒料或是铸造、锻造出的坯料，余量较大，需多次进刀去除，使用固定循环可以缩短程序，节约编程时间。

数控车床固定循环可分为单一固定循环和复合固定循环两种。

3.5.1　单一固定循环

1. 外圆、内圆车削循环(G90)

指令格式如下。

绝对编程：G90 X_ Z_ (R_) F_；

相对编程：G90 U_ W_ (R_) F_；

该指令用于内外轮廓中轴向尺寸较长的圆柱面和圆锥面的加工。

如图 3.18 所示，G90 固定循环的走刀路线为从循环起点开始走矩形(车圆柱面)或直角

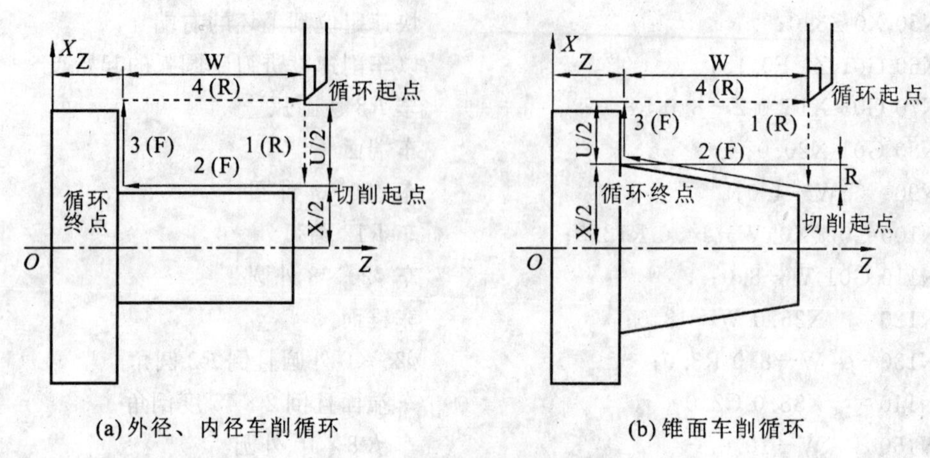

(a) 外径、内径车削循环　　(b) 锥面车削循环

图 3.18　G90 固定循环路线

梯形(车圆锥面),最后再回到循环起点。其加工路线按 1、2、3、4 进行,也分别对应应用基本指令编程的“进刀→切削→退刀→返回”四个程序段。

说明:

(1) X、Z 表示循环终点坐标值,U、W 为循环终点相对循环起点的坐标增量值。R 为加工圆锥面时“切削起点”(非循环起点)与“循环终点”的半径差值(不一定是工件锥面大头与小头实际半径差),如图 3.18(b)所示。

(2) 图中虚线表示快速运动,用“R”标出;实线表示刀具以 F 指定的速度运行,用“F”标出。

(3) 加工圆柱面时 R=0,省略不写。加工圆锥面时 R≠0,且有正、负,R 的正、负可按以下原则判断:当“切削起点”的径向坐标值小于“循环终点”的径向坐标值时,R 取负值;反之为正,如图 3.19 所示。

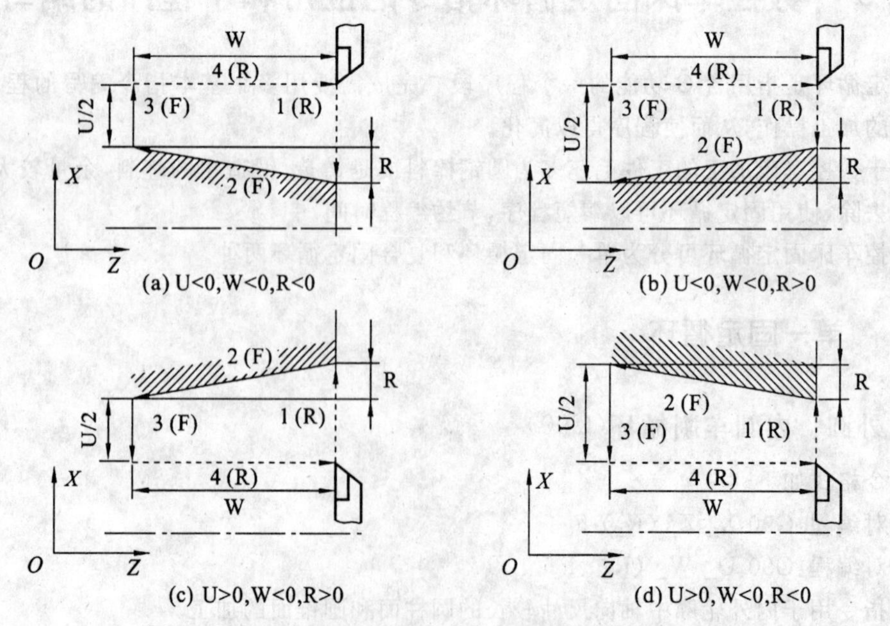

(a) U<0,W<0,R<0　　(b) U<0,W<0,R>0

(c) U>0,W<0,R>0　　(d) U>0,W<0,R<0

图 3.19　G90 车锥面时循环终点坐标及半径差值符号的判断

例 3.8　试编写如图 3.20 所示工件的加工程序。

加工程序如下：

```
O0001
N10 G50 X100.0 Z100.0;
N20 G99 G97 M03 S500 F0.2;
N30 T0101;
N40 G00 X42.0 Z51.0;                快速定位到循环起点
N50 G90 X35.0 Z—30.0 F0.3;          第一次循环
N60       X30.0;                    第二次循环
N70       X25.0;                    第三次循环
N80 G00 X100.0 Z100.0;
N90 M05;
N100 M30;
```

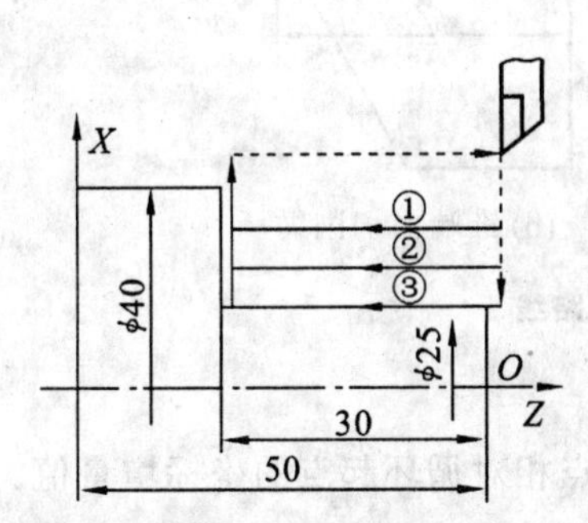

图 3.20　外圆切削循环加工实例

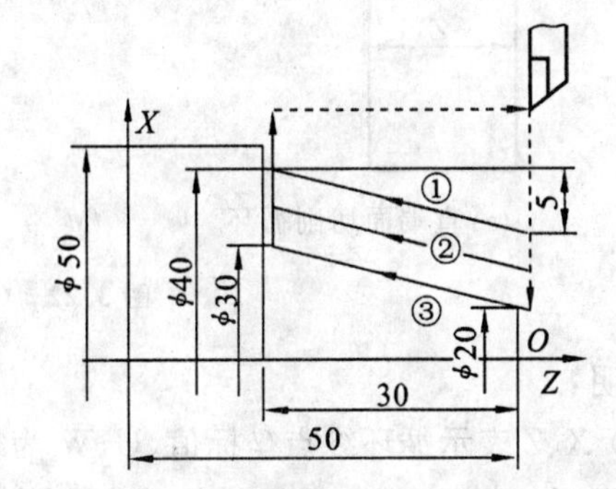

图 3.21　锥面切削循环加工实例

例 3.9　试编写如图 3.21 所示工件的加工程序。

加工程序如下：

```
O0002
N10 G50 X100.0 Z100.0;
N20 G99 G97 M03 S500 F0.2;
N30 T0101;
N40 G00 X52.0 Z51.0;                快速定位到循环起点
N50 G90 X40.0.0 Z—30.0 R5.0 F0.3;   第一次循环
N60       X35.0;                    第二次循环
N70       X30.0;                    第三次循环
N80 G00 X100.0 Z100.0;
N90 M05;
N100 M30;
```

2. 端面车削循环(G94)

指令格式如下。

绝对编程:G94 X_ Z_ (R_) F_;

相对编程:G94 U_ W_ (R_) F_;

该指令用于加工径向尺寸较大的工件端面或锥面。

如图 3.22 所示,G94 固定循环的走刀路线为从循环起点开始走矩形(车直端面)或直角梯形(车锥端面),最后再回到循环起点。其加工路线按 1、2、3、4 进行,也分别对应应用基本指令编程的“进刀→切削→退刀→返回”四个程序段。

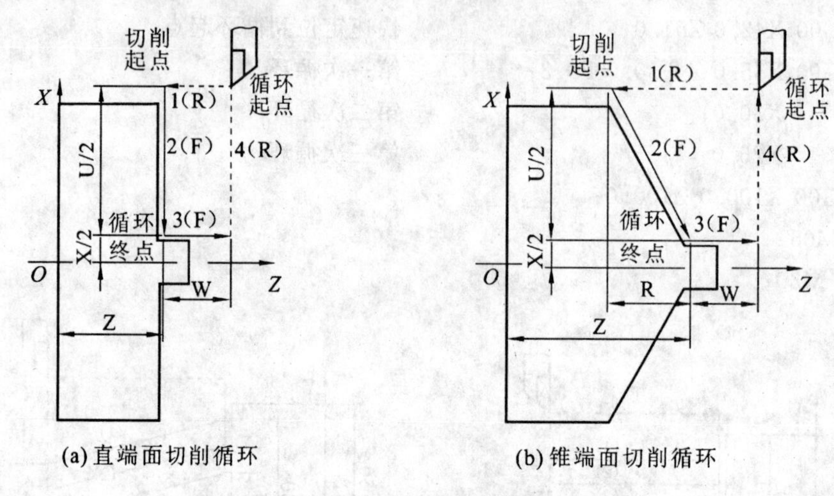

图 3.22 G94 循环路线

说明:

(1) X、Z 表示循环终点坐标值,U、W 为循环终点相对循环起点的坐标增量值。R 为加工圆锥面时切削起点(非循环起点)与循环终点的轴向(*Z* 向)坐标差值(不一定是工件锥面大头和小头沿 *Z* 向的坐标差),如图 3.22(b)所示。

(2) 图中虚线表示快速运动,用“R”标出;实线表示刀具以 F 指定的速度运行,用“F”标出。

(3) G94 运行路线区别于 G90 的“径向进刀,轴向车削”,而是“轴向进刀,径向车削”。

(4) 加工直端面时 R=0,R 省略不写。加工锥端面时 R≠0,且有正负,R 的正负可按以下原则判断:当“切削起点”的 *Z* 向坐标值小于“循环终点”的 *Z* 向坐标值时,R 取负值;反之为正。如图 3.23 所示。

例 3.10 试编写如图 3.24 所示工件的加工程序。

加工程序如下:

```
O0003
N10 G50 X100.0 Z100.0;
N20 G99 G97 M03 S500 F0.2;
N30 T0101;
N40 G00 X82 Z2.0;                快速定位到循环起点
N50 G94 X10.0 Z—5.0 F0.2;        第一次循环
N60      Z—10.0;                 第二次循环
N70      Z—15.0;                 第三次循环
```

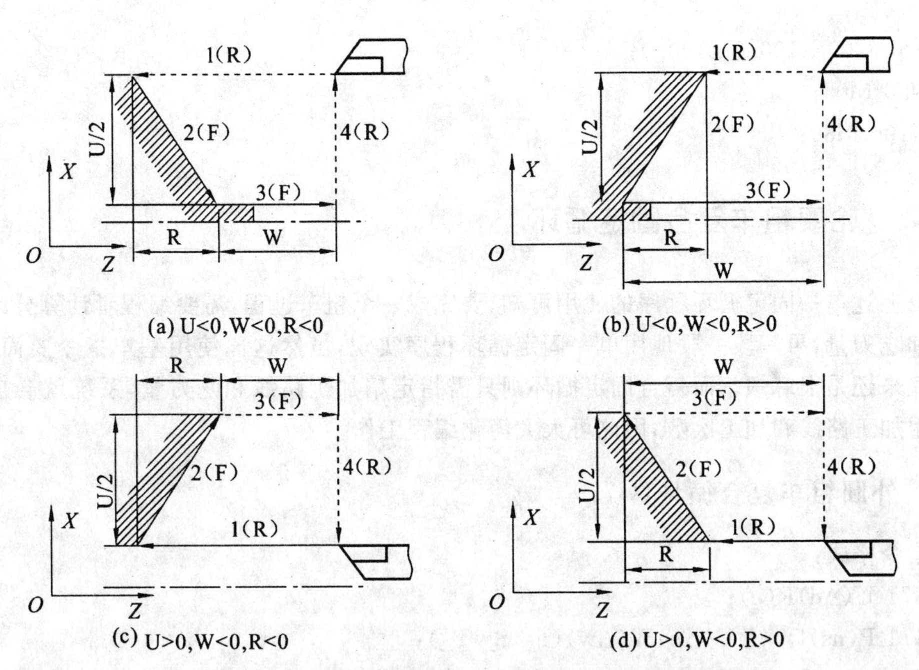

图 3.23　G94 车锥面时循环终点坐标及半径差值符号的判断

N80 G00 X100.0 Z100.0；

N90 M05；

N100 M30；

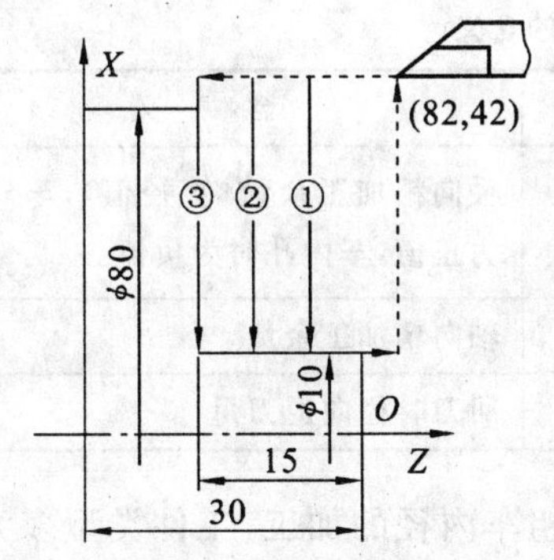

图 3.24　直端面切削循环加工实例

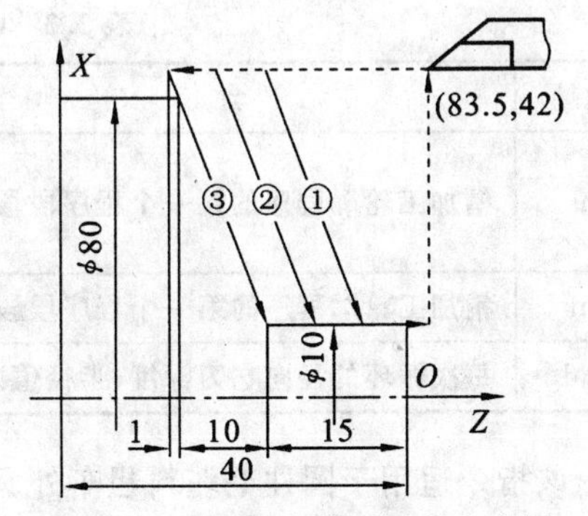

图 3.25　锥端面切削循环加工实例

例 3.11　试编写如图 3.25 所示工件加工程序。

加工程序如下：

O0001

N10 G50 X100.0 Z100.0；

N20 G99 G97 M03 S500 F0.2；

N30 T0101；

N40 G00 X83.5 Z2.0；　　　　　　快速定位到循环起点

N50 G94 X10.0 Z—5.0 R—11.0 F0.2；　第一次循环

N60　　Z—10.0；　　　　　　　　第二次循环

N70　　Z—15.0；　　　　　　　　第三次循环

N80 G00 X100.0 Z100.0;
N90 M05;
N100 M30;

3.5.2 轮廓粗车复合固定循环

由上述单一固定循环程序的使用可知，要完成一个粗车过程，需要编程者计算分配车削次数和吃刀量，再一段一段地用单一固定循环程序实现，虽然这比使用基本指令要简单，但使用起来还是很麻烦。而复合固定循环则只需指定精加工路线和吃刀量，系统就会自动计算出粗加工路线和加工次数，因此可大大简化编程工作。

1. 外圆粗车复合循环(G71)

指令格式：

G71 U(Δd)R(e);

G71 P(ns)Q(nf)U(Δu)W(Δw)(F_ S_ T_);

Nns …… F_ S_ T_;

……　　精加工轮廓程序

Nnf ……

指令中各参数的意义如表 3.3 所示。

表 3.3　G71 指令中各参数的含义

地址	含　义	地址	含　义
ns	精加工轮廓程序的第一个程序段段名	Δu	径向精加工余量(直径值)，车外圆时为正值，车内孔时为负值
nf	精加工轮廓程序的第一个程序段段名	Δw	轴向精加工余量
Δd	每次循环的径向吃刀深度(半径值)	e	回刀时径向退刀量

该指令适用于圆柱毛坯料粗车外圆和圆筒毛坯料粗车内径的加工，工件类型多为长轴类工件。G71 的走刀路线如图 3.26 所示，与精加工程序段的编程顺序一致，按瞬时针方向循环，即每一个循环都是沿“径向进刀，轴向切削”。

2. 端面粗车复合循环(G72)

指令格式：

G72 W(Δd)R(e);

G72 P(ns)Q(nf)U(Δu)W(Δw)(F_ S_ T_);

Nns …… F_ S_ T_;

……　　精加工轮廓程序

Nnf ……

G72 循环参数与 G71 相同，其中 Δu 为轴向精加工余量，如表 3.3 所示。

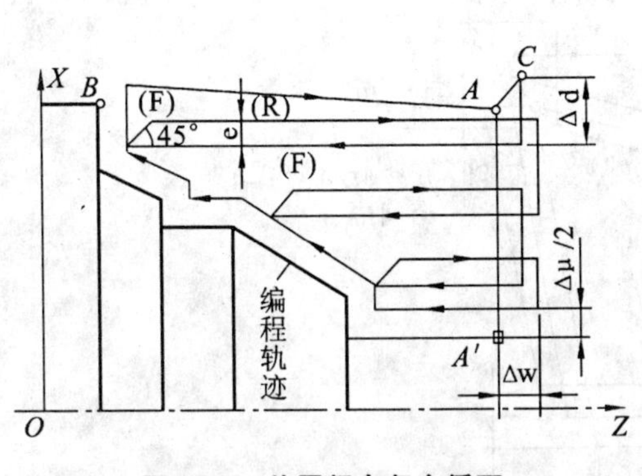

图 3.26　外圆粗车复合循环

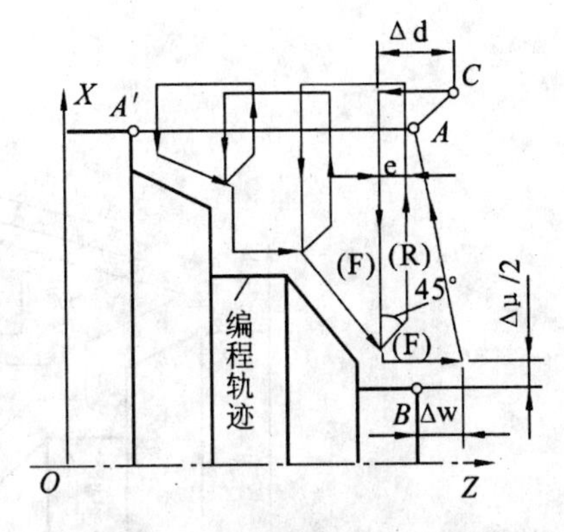

图 3.27　端面粗车复合循环

该指令适用于径向尺寸较大的粗车端面的加工，工件类型多为轮盘类工件。其走刀路线如图 3.27 所示，与精加工程序段的编程顺序一致，与 G71 相反，按逆时针方向循环。即每一个循环都是沿“轴向进刀，径向切削”，这也是与 G71 循环的不同之处。

3. 固定形状粗车复合循环(G73)

指令格式：

G73 I(Δi)K(Δk)R(d)；

G73 P(ns)Q(nf)U(Δu)W(Δw)(F_ S_ T_)；

Nns …… F_ S_ T_；⎫
……　　　　　　　⎬精加工轮廓程序
Nnf ……　　　　　⎭

指令中各参数的意义如表 3.4 所示。

表 3.4　G73 指令中各参数的含义

地址	含　义	地址	含　义
Δi	X 方向总的退刀距离(半径值)，一般是毛坯径向需切除的最大厚度	d	粗加工的循环次数
Δk	Z 方向总的退刀量，一般是毛坯轴向需去除的最大厚度	Δu	径向精加工余量(直径值)
ns	精加工轮廓程序的第一个程序段段名	Δw	轴向精加工余量
nf	精加工轮廓程序的第一个程序段段名		

该指令适用于对毛坯料是铸造或锻造而成的，且毛坯的外形与工件的外形相似但加工余量还相当大的工件的加工。它的走刀路线如图 3.28 所示，与 G71、G72 不同，每一次循环路线沿工件轮廓进行；精加工循环程序段的编程顺序与 G71 相同，按顺时针方向进行。

说明：

(1) G71、G72、G73 程序段中的 F_ S_ T_是在粗加工时有效，而精加工循环程序段中的

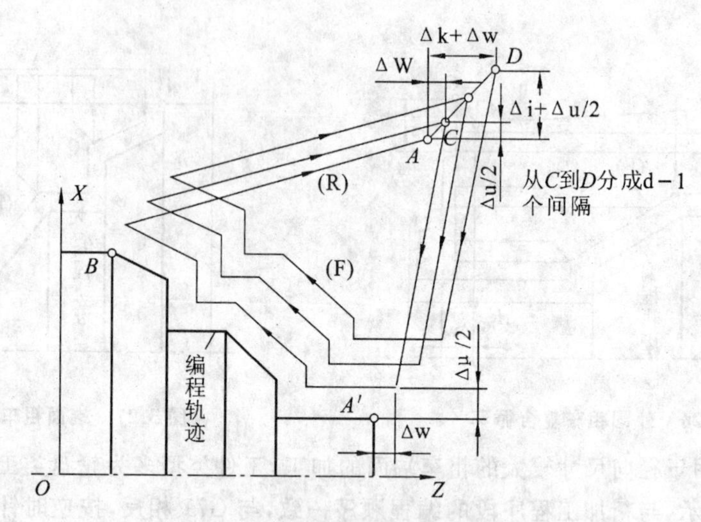

图 3.28　固定形状粗车复合循环

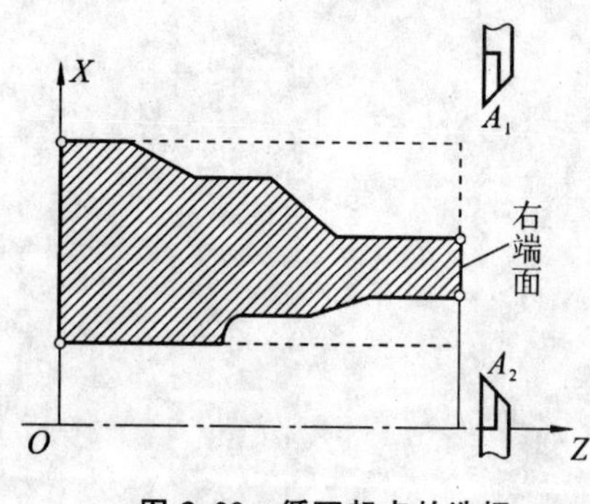

图 3.29　循环起点的选择

F_S_T_在执行精加工程序时有效。

(2) 精加工循环程序段的段名 ns 到 nf 需从小到大变化，而且不要有重复，否则系统会产生报警。精加工程序段的编程路线如图 3.26、图 3.27 和图 3.28 所示，由 $A \to A' \to B$ 用基本指令(G00、G01、G02 和 G03)沿工件轮廓编写。而且 ns 到 nf 程序段中不能含有子程序。

(3) 粗加工完成以后，工件的大部分余量被去除，留出精加工预留量 Δu/2 及 Δw。刀具退回循环起点 A 点，准备执行精加工程序。

(4) 循环起点 A 点要选择在径向大于毛坯最大外圆(车外表面时)或小于最小孔径(车内表面时)，同时轴向要离开工件的右端面的位置，以保证进刀和退刀安全，如图 3.29 所示。

4. 精加工循环(G70)

指令格式：

G70 P　(ns)　Q(nf)；

该指令用于执行 G71、G72 和 G73 粗加工循环指令以后的精加工循环。只需在 G70 指令中指定粗加工时编写的精加工轮廓程序段的第一个程序段的段号和最后一个程序段的段号，系统就会按粗车循环程序的精加工路线切除粗车时留下的余量。

5. 复合循环编程实例

例 3.12　试编写如图 3.30 所示零件的加工程序，分别采用外圆粗车循环、端面粗车循环、固定形状粗车循环和精车循环编写。

如图 3.30 所示，选择工件的右端面的中心作为工件原点。

(1) 用 G71 粗车工件的程序如下：

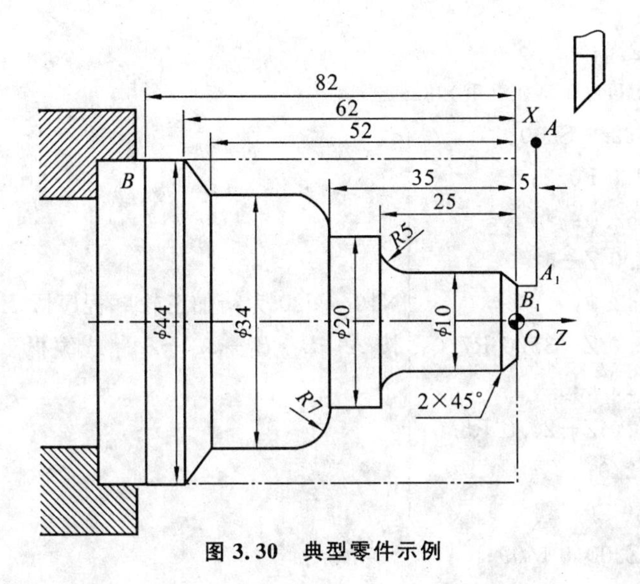

图 3.30　典型零件示例

```
O0001
G50 X100.0 Z200.0;
G00 G99 G97 M03 S500 F0.3;
T0101;
X46.0 Z5.0 M08;
G71 U3.0 R1.0;
G71 P10 Q20 U1.0 W0.2 F0.3;
N10 G00 X6.0 S800;
    G01 Z0 F0.15;
        X10.0 Z-2.0;
        Z-20.0;
    G02 X20.0 Z-25.0 R5.0;     N10～N20 为精加工轮廓程序段
    G01 Z-35.0;                按 A→A1→B1→A 路线编程
    G03 X34.0 Z-42.0 R7.0;
    G01 Z-52.0;
        X44.0 Z-62.0;
N20 G01 Z-82.0;
G00 X100.0 Z200.0 M09;
M05;
M30;
```

(2) 用 G72 粗车工件的程序如下：

```
O0002
G50 X100.0 Z200.0;
G00 G99 G97 M03 S500 F0.3;
T0101;
X46.0 Z5.0 M08;
```

```
G72 W5.0 R2.0;
G72 P10 Q20 U1.0 W0.2 F0.3;
N10 G00 Z-82.0 S800;              ⎫
    G01 X44.0 F0.2;               ⎪
        Z-62.0;                   ⎪
        X34.0 Z-52.0;             ⎪
        Z-42.0;                   ⎪ N10～N20 为精加工轮廓程序段
    G02 X20.0 Z-35.0 R7.0;        ⎬ 按 A→B→B1→A1→A 路线编程
    G01 Z-20.0;                   ⎪
    G03 X10.0 Z-20.0 R5.0;        ⎪
    G01 Z-2.0;                    ⎪
N20 G01 X6.0 Z0;                  ⎭
G00 X100.0 Z200.0 M09;
M05;
M30;
```

(3) 用 G73 粗车工件的程序如下：

```
O0003
G00 G99 G97 M03 S500 F0.3;
T0101;
X46.0 Z5.0 M08;
G73 I17.0 K2.0 R5;
G73 P10 Q20 U1.0 W0.2 F0.3;
N10 G00 X6.0 Z0 S800;             ⎫
    G01 X10.0 Z-2.0 F0.15;        ⎪
        Z-20.0;                   ⎪
    G02 X20.0 Z-25.0 R5.0;        ⎪ N10～N20 为精加工轮廓程序段
    G01 Z-35.0;                   ⎬ 按 A→A1→B1→B→A 路线编程
    G03 X34.0 Z-42.0 R7.0;        ⎪
    G01 Z-52.0;                   ⎪
        X44.0 Z-62.0;             ⎪
N20 G01 Z-82.0;                   ⎭
G00 X100.0 Z200.0 M09;
M05;
M30;
```

(4) 用 G70 精车工件的程序如下：

```
O0004
G00 G99 G97 M03 S800 F0.3;
T0101;
    X46.0 Z5.0 M08;
```

G70 P10 Q20；

G00 X100.0 Z200.0 M09；

M05；

M30；

注：也可将 G70 精车程序段放在粗车程序中 N20 程序段的后面，在粗车完成以后直接进行精车，使工件的粗精加工由一个程序控制完成。

3.5.3　外圆切槽和端面钻孔复合循环

1. 端面钻孔复合循环

指令格式：

G74 R(e)；

G74 X(U) Z(W) P(Δi) Q(Δk) R(Δd) F_；

该指令适用于深孔钻削加工，其加工路线如图 3.31 所示。简易型数控车床通常只能作中心孔的加工，省略 X(U)、P(Δi)。

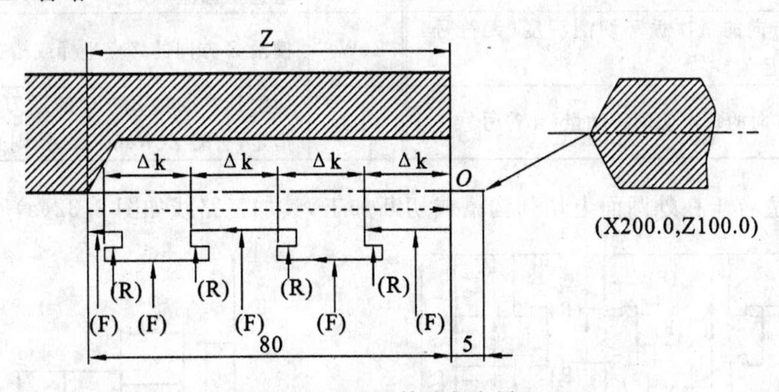

图 3.31　端面钻孔复合循环

式中各参数含义如表 3.5 所示。

表 3.5　G74 指令中各参数的含义

地址	含　义	地址	含　义
e	退刀量	X(U)	最后一个端面孔的 X 方向的坐标
Δi	X 方向每次循环移动量(不加符号)(直径值)	Z(W)	钻削深度
Δk	每次钻削长度(不加符号)		

例 3.13　试编写如图 3.31 所示工件的深孔加工程序。其中：e=1，Δk=20，F=0.1。

其加工程序如下：

O0010

N10 G50 X200.0 Z100.0；

N20 M03 S600 T0202；

N30 G00 X0 Z5.0 M08；

N40 G74 R1.0；

N50 G74 Z－80.0 Q20.0 F0.1；

N60 G00 X200.0 Z100.0 M09；

N70 M05；

N80 M30；

2. 外圆切槽复合循环

指令格式：

G75 R(e)；

G75 X(U) Z(W) P(Δi) Q(Δk) R(Δd) F～；

式中各参数含义如表3.6所示。

表3.6 G75指令中各参数的含义

地址	含 义	地址	含 义
e	退刀量	X(U)	槽底的绝对坐标值或刀具定位点到槽底的增量坐标值
Δi	*X*方向的每次循环切削深度(无符号)(直径值)	Z(W)	槽沿*Z*方向的终点坐标或槽宽
Δk	*Z*方向的每次切削移动量(无符号)	Δd	切削到终点时*Z*方向的退刀量，通常不用指定，省略Z(W)和Δi时，则必须为0

该指令适合于在外圆面上切削沟槽或切断加工，其加工路线如图3.32(a)所示。

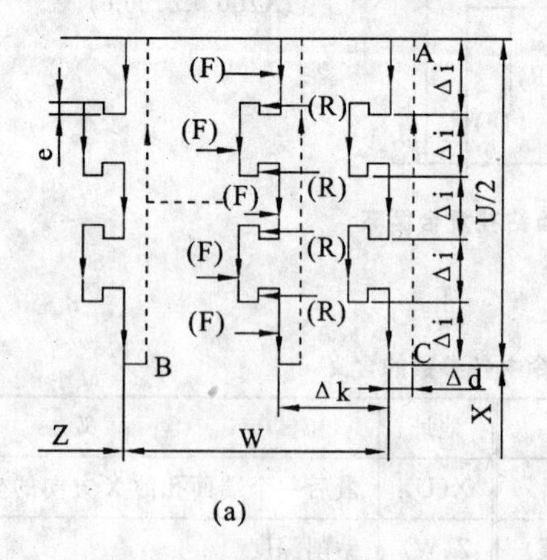

(a)

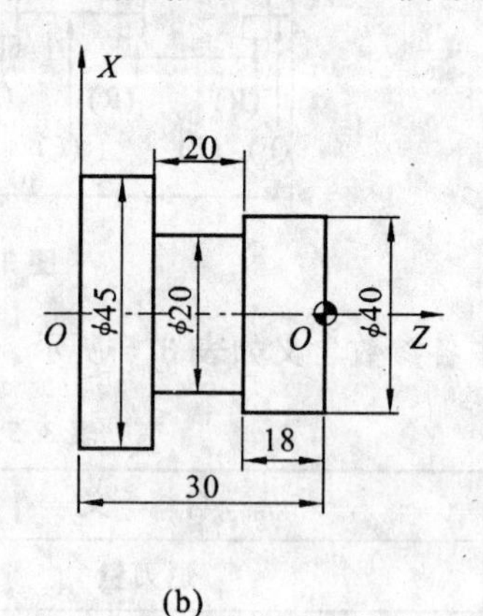

(b)

图3.32 外圆切槽复合循环

例3.14 试编写如图3.32(b)所示工件的槽加工程序，刀宽为4 mm。

其加工程序如下：

N10 G50 X200.0 Z100.0；

N20 M03 S600 T0202；

N30 G00 X47.0 Z－38.0 M08；

N40 G75 R2.0；

N50 G75 X20.0 Z－22.0P5.0 Q3.5 F0.1；

N60 G00 X200.0 Z100.0 M09;
N70 M05;
N80 M30;

3.5.4　子程序

某些被加工的零件中，常常会出现几何形状完全相同的加工轨迹，在程序编制中，将有固定顺序和重复模式的程序段，作为子程序存放，可使程序简单化。主程序执行过程中如果需要某一子程序，可以通过一定格式的子程序调用指令来调用该子程序，执行完后返回到子程序，继续执行后面的程序段。

1. 子程序的编程格式

O××××
……；
……；
M99；

说明：子程序的编程格式与主程序的相同，在子程序的开头编制子程序名，在结尾用 M99 指令结束。它作为一个独立的程序而存在，存放在与主程序并列的位置。

2. 子程序的调用格式

M98 P××× ××××；

说明：P 后面的前 3 位为重复调用次数，省略时为调用一次，最多可调用 999 次；后 4 位为被调用子程序名，程序名中的“0”不能省略。

3. 子程序的嵌套

为了进一步简化程序，可以让子程序调用另一个子程序，称为子程序的嵌套。但子程序的嵌套不是无限次的，本系统共可进行两重嵌套。

4. 子程序的执行

子程序的嵌套和执行过程如图 3.33 所示。

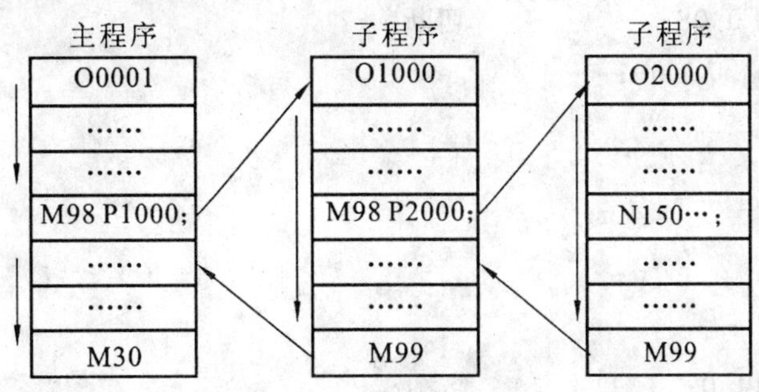

图 3.33　子程序的嵌套和执行过程

5. 子程序应用编程实例

例 3.15 试用子程序编写如图 3.34 所示工件的加工程序。

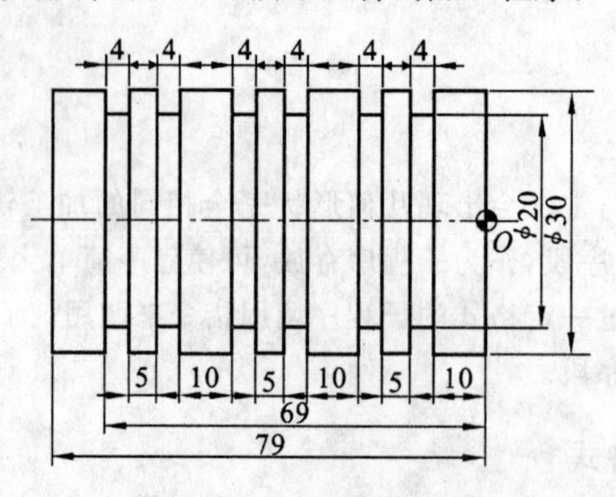

图 3.34 子程序编程实例

已知毛坯直径 $\phi32$ mm，长度为 100 mm，1 号刀为外圆车刀，2 号刀为切断刀，其宽度为 4 mm。

加工程序如下。

主程序：

```
O0010
N10 G50 X100.0 Z200.0;
N20 G99 G97 M03 S800 F0.2;
N30 T0101;
N40 X35.0 Z0 M08;
N50 G01 X0;                         车端面
N60 G00 X30.0 Z2.0;
N70 G01 Z-70.0;
N80 G00 X100.0 Z200.0 M09;          车外圆
N90 T0202;
N100 G00 X32.0 Z0 S300 M08;
N110 M98 P3 0020;                   调用子程序切槽
N120 G00 Z-83.0;
N130 G01 X0 F0.08;                  切断
N140 G00 X100.0 M09;
N150 Z200.0
N160 M05;
N170 M30;
```

子程序：

```
O0020
N10 G00 W-14.0;
N20 G01 U-12.0 F0.08;
```

```
N30 G04 X3.0;
N40 G00 U12.0;
N50 W-9.0;
N60 G01 U-12.0;
N70 G04 X3.0;
N80 G00 U12.0;
N90 M99;
```

3.6　数控车床螺纹车削程序的编写

数控车床也可以实现各种螺纹的加工，如直螺纹、锥螺纹、端面螺纹、多头螺纹、等螺距螺纹、变螺距螺纹等，其编程方法有以下三种。

3.6.1　基本螺纹车削指令

指令格式如下。

绝对编程：G32 X_ Z_ F_；

相对编程：G32 U_ W_ F_；

该指令用于车削圆柱螺纹、圆锥螺纹、端面螺纹。其编程方法与G01相似，如图3.35所示。

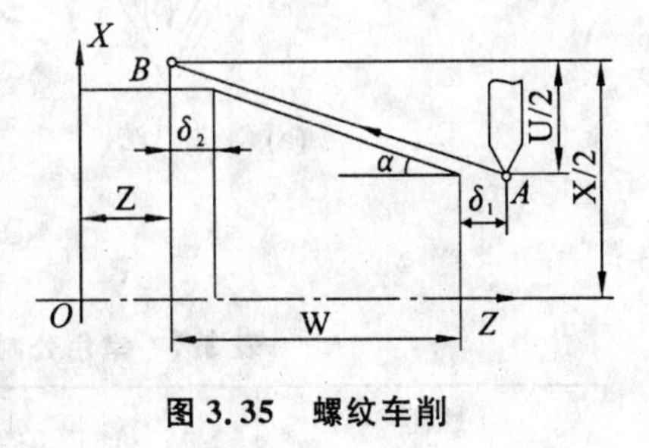

图3.35　螺纹车削

说明：

(1) 式中(X,Z)和(U,W)为螺纹的终点坐标，即图3.35中*B*点的坐标值；F后的数值为螺距(导程)。

(2) 当$\alpha=0°$时，作直螺纹加工，编程格式为G32 Z_ F_或G32 W_ F_；当$\alpha<45°$时加工锥螺纹，螺距以*Z*轴方向的值指定；当$\alpha>45°$时螺距以X轴方向的值指定；当$\alpha=90°$时，加工端面螺纹，编程格式为G32 X_ F_或G32 U_ F_。

(3) 螺纹切削中进给修调倍率开关无效，进给速度被限制在100%；螺纹切削中进给不能停止，一旦停止进给，切深将急剧增加，非常危险，所以"循环停止"开关在螺纹加工中无效；若按下"循环停止"键，系统将安排在执行完第一个非螺纹切削程序段停止。

(4) 主轴功能的确定：在编写螺纹加工程序时，只能使用主轴恒转速控制功能(程序中编入G97)且主轴倍率无效，主轴速度限制在100%；由于进给速度的最大值和最小值系统参数已设定，在加工螺纹时为了避免进给速度超出系统设定范围，所以主轴转速不宜太高，一般为400～500 r/min。而且从粗加工到精加工，主轴转速必须保持恒定；否则，螺距将发生变化，出现乱牙。

(5) 螺纹起点和终点轴向尺寸的确定：螺纹加工时应注意在有效螺纹长度的两端留出足够的升速段δ_1和降速段δ_2，以剔除两端因进给伺服电动机变速而产生的不符合要求的螺纹段。通常：

$\delta_1=(2\sim3)\times$螺距

$\delta_2=(1\sim2)\times$螺距

(6) 螺纹起点和终点径向尺寸的确定:编制螺纹加工程序时,必须对相关的尺寸进行计算。如螺纹大径、小径、牙高、切削次数、每次的切削深度等。

① 螺纹大、小径和牙高的计算。

螺纹加工中的编程大径应根据螺纹尺寸标注和公差要求进行计算,并通过车削外圆来保证。一般精度要求的螺纹可按以下经验公式计算:

$D_{大}=D_{公称直径}-0.1\times$螺距

$D_{小}=D_{公称直径}-1.3\times$螺距

$H_{牙高}=(D_{大}-D_{小})/2$

② 对于牙型较深、螺距较大的螺纹,可采用多次进刀,分层切削。每次背吃刀量用螺纹深度减去精加工余量所得之差按递减规律分配,如图 3.36 所示。根据常用螺距和牙型高度可参考表 3.7 和表 3.8 确定进刀次数和每次进给的背吃刀量。

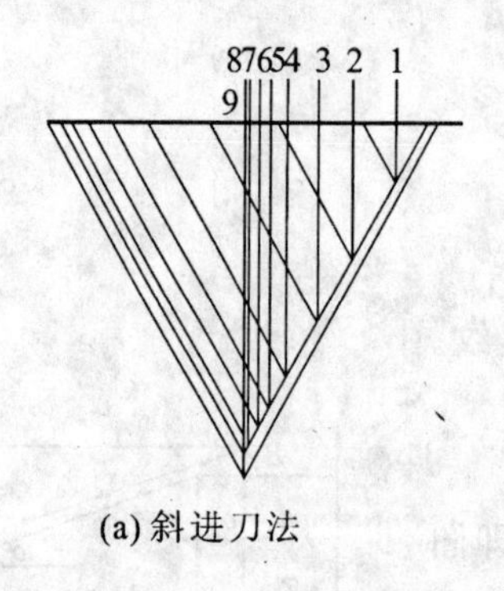

(a) 斜进刀法

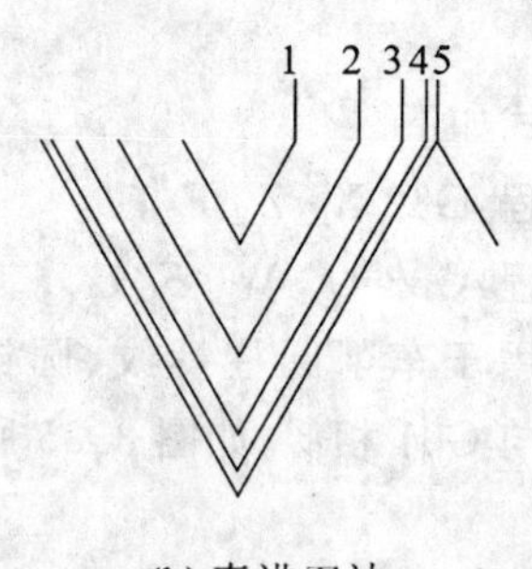

(b) 直进刀法

图 3.36 螺纹进刀切削方法

表 3.7 常用公制螺纹切削的进给次数与背吃刀量(直径值) 单位:mm

螺距		1.0	1.5	2.0	2.5	3.0	3.5	4.0
牙深		0.649	0.974	1.299	1.624	1.949	2.273	2.598
背吃刀量和切削次数	1次	0.7	0.8	0.9	1.0	1.2	1.5	1.5
	2次	0.4	0.6	0.6	0.7	0.7	0.7	0.8
	3次	0.2	0.4	0.6	0.6	0.6	0.6	0.6
	4次		0.16	0.4	0.4	0.4	0.4	0.6
	5次			0.1	0.4	0.4	0.4	0.4
	6次				0.15	0.4	0.2	0.4
	7次					0.2	0.15	0.4
	8次							0.3
	9次							0.2

表 3.8　常用英制螺纹切削的进给次数与背吃刀量(直径值)　　单位:inch

牙数(牙/inch)		24	18	16	14	12	10	8
牙深		0.678	0.904	1.016	1.162	1.355	1.626	2.033
背吃刀量和切削次数	1 次	0.8	0.8	0.8	0.8	0.9	1.0	1.2
	2 次	0.4	0.6	0.6	0.6	0.6	0.7	0.7
	3 次	0.16	0.3	0.5	0.5	0.6	0.6	0.6
	4 次		0.11	0.14	0.3	0.4	0.4	0.5
	5 次				0.13	0.21	0.4	0.5
	6 次						0.16	0.4
	7 次							0.17

注:表中牙深由公式 $H=0.6495P$ 得出。

3.6.2　螺纹车削简单固定循环

指令格式如下。

绝对编程:G92 X_ Z_ R_ F_

相对编程:G92 U_ W_ R_ F_

该指令用于螺纹的加工,其加工路线如图 3.37 所示,走刀路线和编程方法与 G90 相似,也综合基本编程的“切入—螺纹切削—退刀—返回”四个程序段作为一个循环。

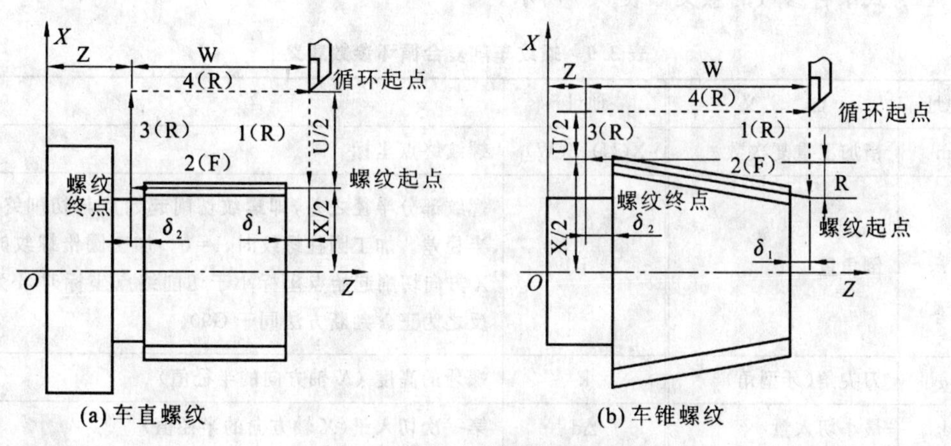

图 3.37　螺纹车削简单固定循环

说明:

(1) 式中(X,Z)和(U,W)为单次切削循环终点的坐标;F 后的数值为螺纹导程(单头螺纹为螺距)。

(2) 锥螺纹起点和终点的半径差值 R 的大小和正负符号参见 G90 固定循环一节来确定。

(3) 根据螺纹切削的特点,螺纹切削完成后必须迅速退出刀具,所以一个 G92 循环中的第三个动作为快速退刀,不同于 G90 的以 F 设定的进给速度退刀。

3.6.3 螺纹车削复合循环

指令格式如下。

G76 P (m) (r) (α) Q(Δd_{min}) R(d);

G76 X(U) Z(W) R(i) P(k) Q(Δd) F(f);

该指令亦用于螺纹加工，它将多次 G92 循环动作复合成了以上两句指令段，便可连续完成螺纹的粗加工和精加工，其走刀路线如图 3.38 所示。

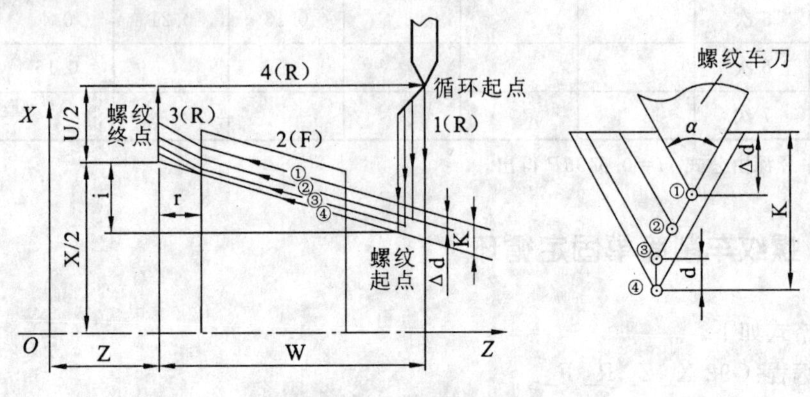

图 3.38 螺纹车削复合循环

说明：

(1) 式中各参数的意义如表 3.9 所示。

表 3.9 螺纹车削复合循环参数意义

地址	含 义	地址	含 义
m	精加工重复次数	X(U) Z(W)	螺纹终点坐标
r	倒角量	i	螺纹部分半径之差，即螺纹切削起始点与切削终点的半径差。加工圆柱螺纹时，i=0。加工圆锥螺纹时，当 X 方向切削起始点坐标小于切削终点坐标时，I 为负，反之为正。判断方法同于 G90。
α	刀尖角(牙型角)	k	螺牙的高度（X 轴方向的半径值）
Δd_{min}	最小切入量	Δd	第一次切入量(X 轴方向的半径值)
d	精加工余量	f	螺纹导程

(2) 按照车螺纹的规律，每次吃刀时的切削面积应尽可能保持均衡的趋势，因此本循环设定相邻两次的吃刀深度按公式($\Delta d\sqrt{n}-\Delta d\sqrt{n-1}$)逐步递减，$\Delta d$ 为参数设定的第一次切削深度。

例 3.16 试编写如图 3.39 所示工件的螺纹加工程序，分别采用螺纹加工基本指令、固定循环和复合固定循环指令编写。

由 GB 197.81 可知，该螺纹大径为 $\phi30^{-0.038}_{-0.318}$ mm，因此编程大径取为 $\phi29.7$ mm，在车外

圆时保证余量。查表 3.7 可得牙深取 1.3 mm，分 5 次进刀，背吃刀量（直径值）分别为 0.9 mm、0.6 mm、0.6 mm、0.4 mm 和 0.1 mm。取 $\delta_1=5$ mm，$\delta_2=2$ mm。

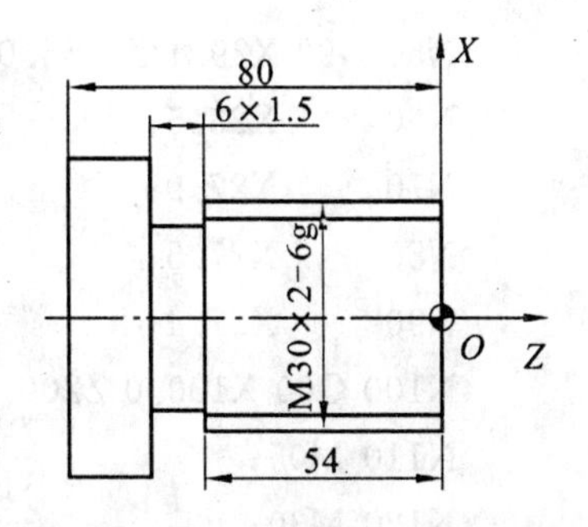

图 3.39　直螺纹加工实例

其加工程序如下。

用螺纹基本指令编程：

```
O0022
N10 G50 X100.0 Z200.0;
N20 G00 G99 G97 M03 S500 F0.3;
N30 T0303;                          选 3 号螺纹刀；
N40 X32.0 Z5.0;
N50 G00 X29.1;
N60 G32 Z-56.0 F2.0;
N70 G00 X32.0;
N80      Z5.0;                      第一次进刀；
N90 G00 X28.5;
N100 G32 Z-56.0 F2.0;
N110 G00 X32.0;
N120      Z5.0;                     第二次进刀；
N130 G00 X27.9;
N140 G32 Z-56.0 F2.0;
N150 G00 X32.0;
N160      Z5.0;                     第三次进刀；
N170 G00 X27.5;
N180 G32 Z-56.0 F2.0;
N190 G00 X32.0;
N200      Z5.0;                     第四次进刀；
N210 G00 X27.4;
N220 G32 Z-56.0 F2.0;
N230 G00 X32.0;
N240      Z5.0;                     第五次进刀；
N250 X100.0 Z200.0
N260 M05;
N270 M30;
```

用螺纹简单循环指令编程：

```
O0033
N10 G50 X100.0 Z200.0;
N20 G00 G99 G97 M03 S500 F0.3;
N30 T0303;                          选 3 号螺纹刀；
N40 X32.0 Z5.0;
```

N50 G92 X29.1 Z−56.0 F2.0；　　　　第一次循环；
N60　　　X28.5；　　　　　　　　　　第二次循环；
N70　　　X27.9；　　　　　　　　　　第三次循环；
N80　　　X27.5；　　　　　　　　　　第四次循环；
N90　　　X27.4；　　　　　　　　　　第五次循环；
N100 G00 X100.0 Z200.0；
N110 M05；
N120 M30；

用复合螺纹切削循环编程：

O0044
N10 G50 X100.0 Z200.0；
N20 G00 G99 G97 M03 S500 F0.3；
N30 T0303；　　　　　　　　　　　　选 3 号螺纹刀；
N40 X32.0 Z5.0；
N50 G76 P03 12 60 Q0.1 R0.1；
N60 G76 X27.4 Z−56.0 R0 P1.3 Q0.9 F2.0；
N70 G00 X100.0 Z200.0；
N80 M05；
N90 M30；

例 3.17　试编写如图 3.40 所示工件的螺纹加工程序，分别采用螺纹加工基本指令、固定循环和复合固定循环指令编写。

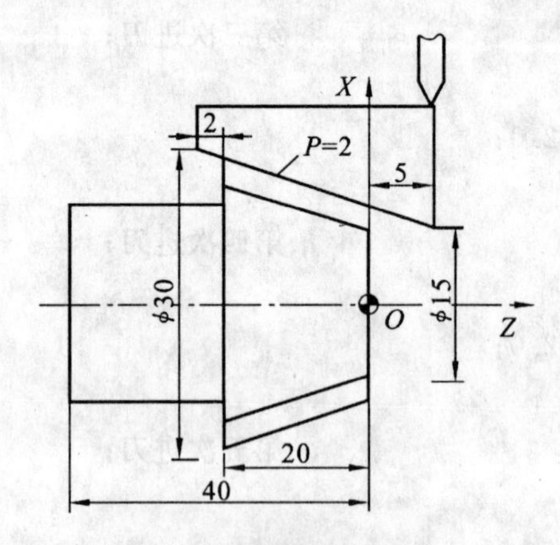

图 3.40　锥螺纹编程实例

其加工程序如下。

用螺纹基本指令编程：

O0111
N10 G50 X100.0 Z200.0；
N20 G00 G99 G97 M03 S500 F0.3；
N30 T0303；　　　　　　　　　　　　选 3 号螺纹刀；

```
N40 X32.0 Z5.0;
N50 G00 X14.1;
N60 G32 X29.1 Z-42.0 F2.0;
N70 G00 X32.0;
N80       Z5.0;                              第一次进刀;
N90 G00 X13.5;
N100 G32 X28.5 Z-42.0 F2.0;
N110 G00 X32.0;
N120       Z5.0;                             第二次进刀;
N130 G00 X12.9;
N140 G32 X27.9 Z-42.0 F2.0;
N150 G00 X32.0;
N160       Z5.0;                             第三次进刀;
N170 G00 X12.5;
N180 G32 X27.5 Z-42.0 F2.0;
N190 G00 X32.0;
N200       Z5.0;                             第四次进刀;
N210 G00 X12.4;
N220 G32 X27.4 Z-42.0 F2.0;
N230 G00 X32.0;
N240       Z5.0;                             第五次进刀;
N250 X100.0 Z200.0
N260 M05;
N270 M30;
```

用螺纹简单循环指令编程:

```
O0222
N10 G50 X100.0 Z200.0;
N20 G00 G99 G97 M03 S500 F0.3;
N30 T0303;                                   选 3 号螺纹刀;
N40        X32.0 Z5.0;
N50 G92 X29.1 Z-42.0 R7.5 F2.0;              第一次循环;
N60        X28.5;                            第二次循环;
N70        X27.9;                            第三次循环;
N80        X27.5;                            第四次循环;
N90        X27.4;                            第五次循环;
N100 G00 X100.0 Z200.0;
N110 M05;
N120 M30;
```

用复合螺纹切削循环编程:

```
O0333
N10 G50 X100.0 Z200.0;
N20 G00 G99 G97 M03 S500 F0.3;
N30 T0303;                                      选3号螺纹刀;
N40       X32.0 Z5.0;
N50 G76 P03 12 60 Q0.1 R0.1;
N60 G76 X27.4 Z-42.0 R7.5 P1.3 Q0.9 F2.0;
N70 G00 X100.0 Z200.0;
N80 M05;
N90 M30;
```

3.7 数控车床刀具补偿功能及其编程

刀具补偿是补偿实际加工时所用的刀具与编程时使用的理想刀具或对刀时用的基准刀具之间的差值,从而保证加工出符合图纸尺寸要求的零件。

3.7.1 刀位点、对刀点和刀具参考点

1. 刀位点

刀位点是刀具上的一个基准点,是用于作为编程相对基准的参照点,即刀具上按照数控程序的编程轨迹运动的点。

2. 对刀点

对刀点是数控加工时刀具相对工件运动的起点,也是程序的起点。对刀点可选在工件上,也可在工件外,如夹具上或机床上的某特定点。编程时应首先选择对刀点的位置,数控车床的对刀点通常选在毛坯的右端面最外缘。对刀点的选择通常遵循以下原则:

① 机床上容易找正,在加工中便于检查;

② 编程时便于计算;

③ 对刀误差小。

刀位点和对刀点是通过对刀操作建立关系的。通过对刀使刀位点和对刀点重合,即使刀位点找到工件的编程原点在机床坐标系中的位置,从而使得刀具能按照工件坐标系的编程轨迹在机床坐标系中运动。

3. 刀具参考点

刀具参考点是使刀位点与机床原点建立尺寸联系而设立在刀架上的参考点。通过对参考点的操作使刀架参考点与机床参考点重合。再通过对刀使刀位点与刀具参考点建立尺寸关系,并将此位置关系输入到数控装置,供加工中自动计算刀具补偿用。实际上数控系统就是通过控制刀具参考点的运动来间接控制刀位点的运动,如图 3.41 所示。

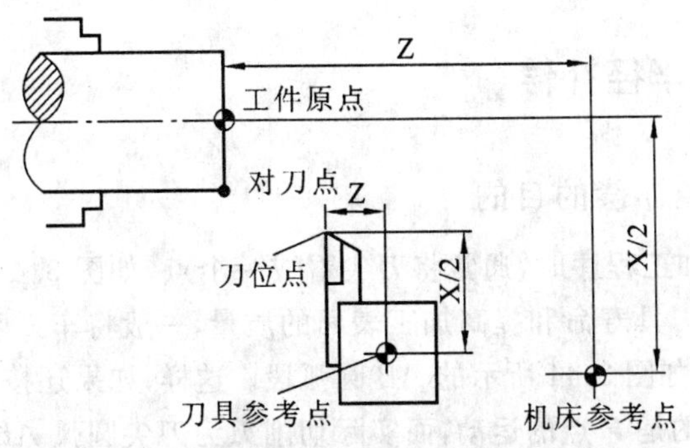

图 3.41　数控车床刀位点、对刀点和刀具参考点

3.7.2　刀具的形状补偿和磨损补偿

刀具的形状补偿是补偿刀具形状和刀具安装位置与编程时理想刀具和基准刀具的偏置量 ΔXj、ΔZj，该偏置量是通过对刀后采集到的，如图 3.42(a)所示。刀具的磨损补偿是用于补偿当刀具使用磨损后刀具头部与原始尺寸的误差值 ΔXm、ΔZm，该误差值是通过比较工件实际尺寸与编程尺寸的偏差或重新对刀得到的，如图 3.42(b)所示。这些补偿数据必须准确地储存到系统数据库中，再通过程序调用相应的刀号、刀补号来提取并执行。

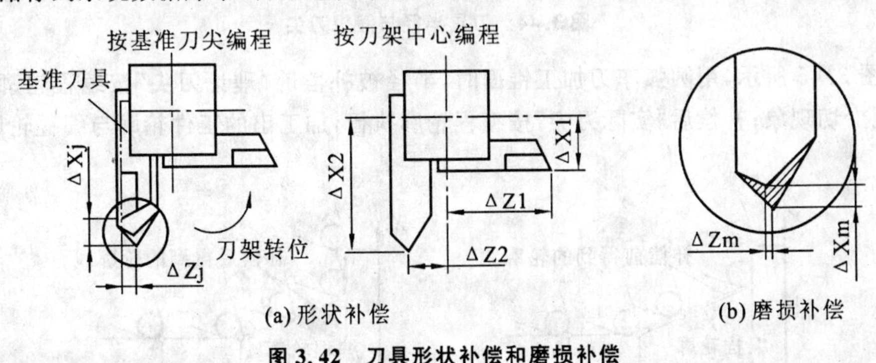

(a) 形状补偿　　(b) 磨损补偿

图 3.42　刀具形状补偿和磨损补偿

指令格式：

T ××××

该指令前面两位为刀号，后两位为刀具形状和磨损补偿号。

刀具磨损补偿值输入的操作步骤如下：

① 按“OFSET”键，将补偿界面调出，再按翻页键或“磨耗”软键，出现如图 3.43 界面；

② 用“CURSOR ↑ ↓”键，将光标移到与刀号对应的刀具补偿号位置，如果 X 方向的补偿值 ΔXm 为－0.02 mm，则输入“－0.02”；

③ 按“INPUT”键，X 方向磨损补偿输入完成；

④ 如 Z 方向的补偿值 ΔZm 为－0.01 mm，则再输入“－0.01”；

⑤ 按“INPUT”键，Z 方向磨损补偿输入完成。

工具补正/磨耗　　O0010 N0200

番号	X	Z	R	T
W01	−295.005	−325.966	0.5	03
W02	−301.255	−345.326	2.5	08
W03	0.000	0.000	0.000	00
W03	0.000	0.000	0.000	00
W03	0.000	0.000	0.000	00
W03	0.000	0.000	0.000	00
W03	0.000	0.000	0.000	00
W03	0.000	0.000	0.000	00

现在位置(相对坐标)

U 0.000　　W 0.000

ADRS X -0.02　　S　　0T

Auto

[磨耗] [形状] [工件移] [MACRO] [ ]

图 3.43　刀具磨损补偿界面

3.7.3　刀尖圆弧半径补偿

1. 刀尖圆弧半径补偿的目的

在编制数控车床加工程序时，通常将刀尖看成一个点，如图 3.44 中 P 点所示。然而在实际应用中，为了提高刀具寿命和提高加工表面的质量，一般将车刀磨成半径 $r_{刀}$ 约为 0.4～1.6 mm的圆弧过渡刃，如图 3.44 所示的 AB 圆弧段。这样，如果还按理论刀尖(假想刀尖)P 来编程，数控系统控制的是 P 点的运动，而实际切削刃为刀尖圆弧 AB，这势必会使刀尖在加工锥面和圆弧面时出现过切或少切现象，因此，有必要对此进行刀尖半径补偿来消除误差。

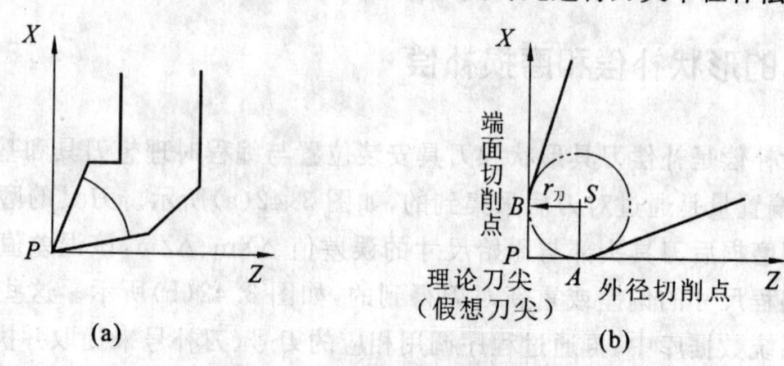

图 3.44　刀具半径与假想刀尖

如图 3.45 所示，用圆弧车刀加工锥面时，半径被补偿前“理论刀尖”按编程轮廓实线加工，出现少切现象；补偿后“实际刀尖”按编程轮廓执行，加工出的工件轮廓与编程轮廓重合。

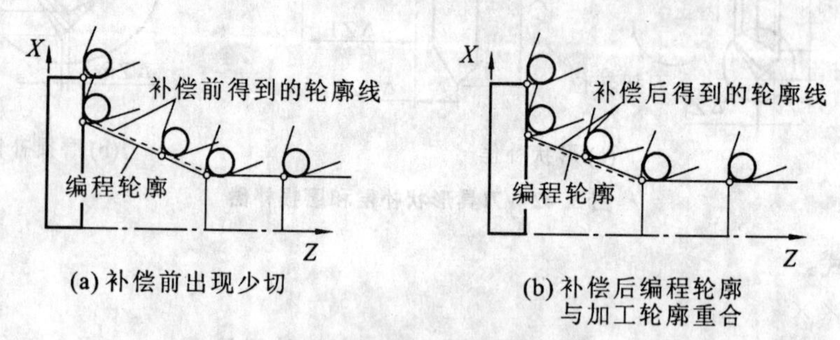

图 3.45　圆弧刀尖车锥面及圆柱

如图 3.46 所示，用圆弧车刀加工圆弧面时，补偿前左边轮廓被过切，右边轮廓被少切；补偿后刀心沿偏离编程轮廓 $r_{刀}$ 的轨迹运动。

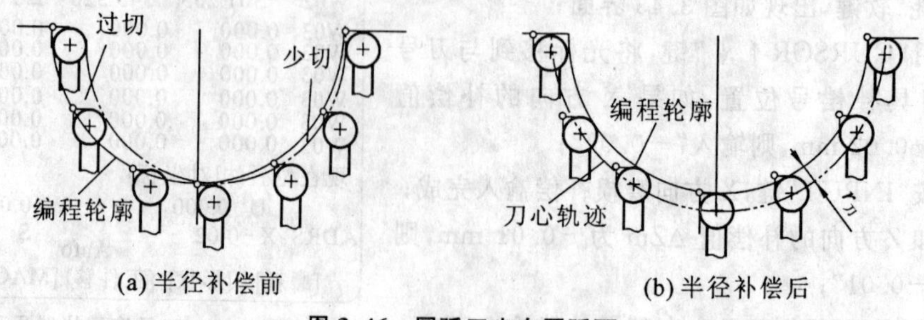

图 3.46　圆弧刀尖车圆弧面

2. 刀具半径补偿指令(G41、G42 和 G40)

(1) 刀具半径补偿的方法。

FANUC 0.TD 数控系统具有刀具半径补偿功能,为编程提供了方便。有刀具半径补偿功能的数控系统在编程时只按零件轮廓编程,使用刀具补偿指令(G41、G42 和 G40),并在控制面板上手工输入刀具半径和刀尖圆弧位置号,数控装置便能自动地计算出刀具中心轨迹,并按刀心轨迹运动。即执行刀具半径补偿功能后,刀具自动偏离工件轮廓一个刀具半径值,从而加工出所要求的工件轮廓。

(2) 刀补半径补偿方向的判断。

G41 为刀具半径左补偿,即从与插补平面垂直的坐标轴的正方向看向轮廓插补平面,沿着刀具前进的方向看,刀具在工件轮廓的左侧,如图 3.47(a)所示。

G42 刀具半径右补偿,即从与插补平面垂直的坐标轴的正方向看向轮廓插补平面,沿着刀具前进的方向看,刀具在工件轮廓的右侧,如图 3.47(b)所示。

G40 为刀具半径补偿取消,使用该指令后 G41、G42 指令无效。所以 G40 必须和 G41、G42 成对使用。

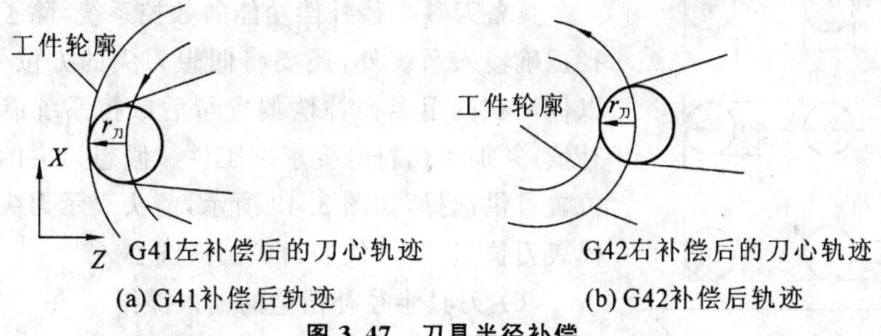

(a) G41补偿后轨迹　　(b) G42补偿后轨迹

图 3.47　刀具半径补偿

(3) 刀具半径的补偿格式。

编程格式:

$$\left.\begin{matrix}G01\\ \\ G00\end{matrix}\right\}\left\{\begin{matrix}G41\\G42\\G40\end{matrix}\right\}X(U)\_Z(W)\_;$$

说明:

① G41、G42 和 G40 需在 G01 或 G00 指令状态下,通过直线运动建立和取消刀补,(X, Z)、(W,U)为直线运动的终点坐标。

② G41、G42 不能重复使用,即在程序段中有了 G41 或 G42 指令后,不能再直接使用 G42 或 G41。若想使用必须用 G40 指令将前面的取消后再建立新的刀具半径补偿,否则补偿就不正常了。

(4) 刀具半径补偿的建立和取消。

刀具半径补偿的过程分为以下三步。

① 刀补的建立,该过程从原来的刀位点为假想刀尖过渡到始终与编程轨迹偏离一个刀具半径 $r_刀$ 的刀尖圆弧的圆心,如图 3.48(a)所示。

② 刀补进行中,该过程执行有 G41、G42 指令的程序段后,刀具中心始终与编程轨迹相距一个刀具半径 $r_刀$。

③ 刀补的取消，刀具离开工件，刀位点从始终与编程轨迹偏离一个刀具半径 $r_刀$ 的刀尖圆弧的圆心过渡回假想刀尖，如图 3.48(b)所示。

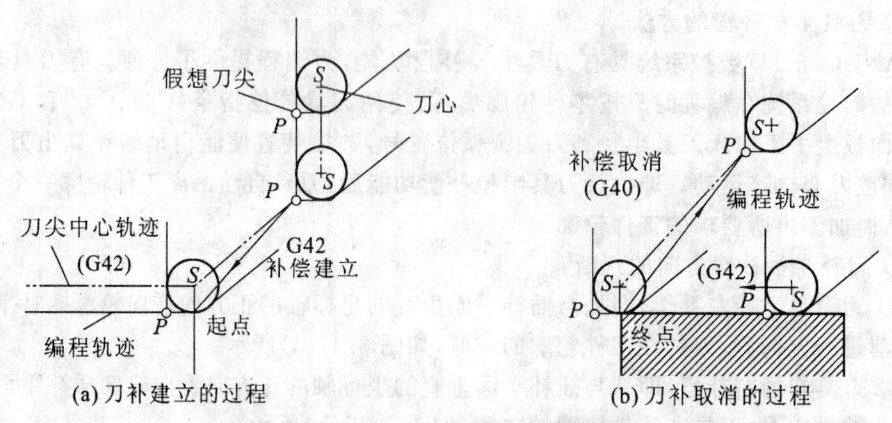

(a) 刀补建立的过程　　(b) 刀补取消的过程

图 3.48　刀具半径补偿的建立和取消

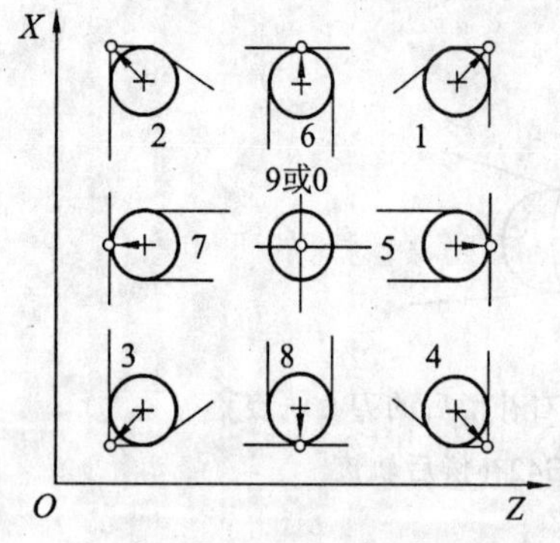

图 3.49　车刀刀尖的方位代号

(5) 刀尖位置的确定。

具备刀具半径补偿功能的数控系统，除了要将刀尖半径正确输入系统外，还要将假想刀尖的方位号正确输入，以保证在调用半径补偿偏置量后数控系统能正确地进行补偿，并加工出符合要求的工件。假想刀尖的方位有 9 种位置可供选择，如图 3.49 所示，箭头表示刀尖方向。"∘"代表刀位点，"＋"代表刀尖圆弧圆心。

(6) 刀具半径补偿量的输入操作。

每一把刀具都对应一个补偿号，每一个补偿号包括形状补偿 G、磨损补偿 W、工件位移和宏变量设定。如图 3.50 所示是刀具形状补偿界面，图中 R 对应的是刀具半径输入地址，T 为刀尖方位号的输入地址。

工具补正/形状　　O0010 N0200

番号	X	Z	R	T
G01	−295.005	−325.966	0.5	03
G02	−301.255	−345.326	2.5	08
G03	0.000	0.000	0.000	00
G03	0.000	0.000	0.000	00
G03	0.000	0.000	0.000	00
G03	0.000	0.000	0.000	00
G03	0.000	0.000	0.000	00
G03	0.000	0.000	0.000	00

现在位置(相对坐标)
U 0.000　　W 0.000
ADRS　R 0.5　　S　　0T
Auto
[磨耗]　[形状]　[工件移] [MACRO] [ ]

(a) 刀具形状补偿

工具补正/磨耗　　O0010 N0200

番号	X	Z	R	T
W01	−295.005	−325.966	0.5	03
W02	−301.255	−345.326	2.5	08
W03	0.000	0.000	0.000	00
W03	0.000	0.000	0.000	00
W03	0.000	0.000	0.000	00
W03	0.000	0.000	0.000	00
W03	0.000	0.000	0.000	00
W03	0.000	0.000	0.000	00

现在位置(相对坐标)
U 0.000　　W 0.000
ADRS　R 0.5　　S　　0T
Auto
[磨耗]　[形状]　[工件移] [MACRO] [ ]

(b) 刀具半径补偿

图 3.50　刀具参数偏置量设置界面

输入操作步骤如下：

① 按系统操作面板上"MANU/OFFSET"键；

② 用"PAGE"键或软件将界面切换到[形状]或[磨耗]；

③ 用"CURSOR↑"或"CURSOR↓"将光标移到补偿刀具刀补号位置；

④ 如补偿半径为 0.5 mm，则输入 R0.5；

⑤ 按"INPUT"键，将 R0.5 输入系统；

⑥ 如刀尖方位为 T3，则再输入 T3；

⑦ 按"INPUT"键，将 T3 输入系统；

⑧ 再通过在程序中编入 G41、G42 和 G40，建立和取消刀具半径补偿。

注：在输入补偿时，输入到"形状"或"磨耗"两个界面中任一个都可以，在一个界面中输入时，另一个界面中会自动生成相同的补偿数值。

3.7.4　刀具半径补偿编程实例

例 3.18　试编写如图 3.51 所示工件的精加工程序，采用刀具半径补偿指令。

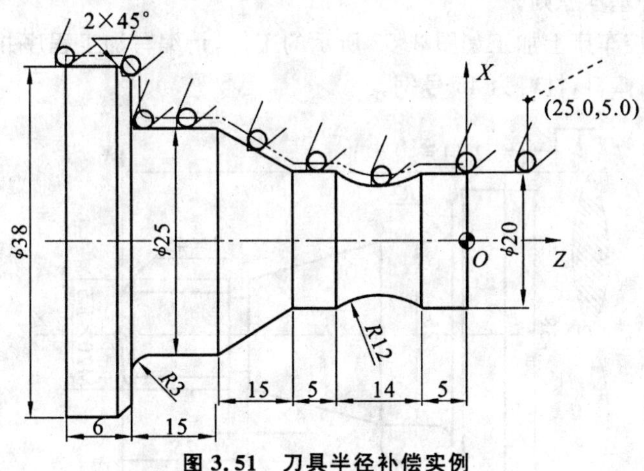

图 3.51　刀具半径补偿实例

其程序编写如下：

```
O0010
N10 G50 X100.0 Z200.0;
N20 G00 G99 G97 M03 S1200 F0.15;
N30 T0101;
N40        X25.0 Z5.0;
N50 G01 G42 X20.0 Z-5.0;          刀具半径补偿建立；
N60 G02 X20.0 W-14.0 R12.0;  ┐
N70 G01 W-5.0;               │
N80        X25.0 W-15.0;     │
N90        W-12.0;           │
N100 G02 X31.0 W-3.0 R3.0;   ├ 刀补进行中；
N120 G01 X34.0;              │
N130        X38.0 W-2.0;     │
N140        W-4.0;           ┘
N150 G00 G40 X100.0 Z200.0;       刀具半径补偿取消；
```

N160 M05;

N170 M30;

3.8 数控车床综合编程实例

在数控车床上进行车削加工工艺、刀具、夹具及程序的编制等，已在前面几节中做了详细的阐述。本节再举出几个加工的实例，进一步说明数控车削程序的编制过程和实际应用。

3.8.1 数控车床轴类工件的车削加工实例

在数控车床上加工轴类工件的方法与在普通车床上加工方法大体一致，都遵循"先粗后精"、"由大到小"等基本原则。

实例一：在数控车床上加工如图 3.52 所示的工件，请编写加工程序并作简单工艺分析。工件毛坯为 $\phi 40$ 圆棒料，材料为 45 号钢。

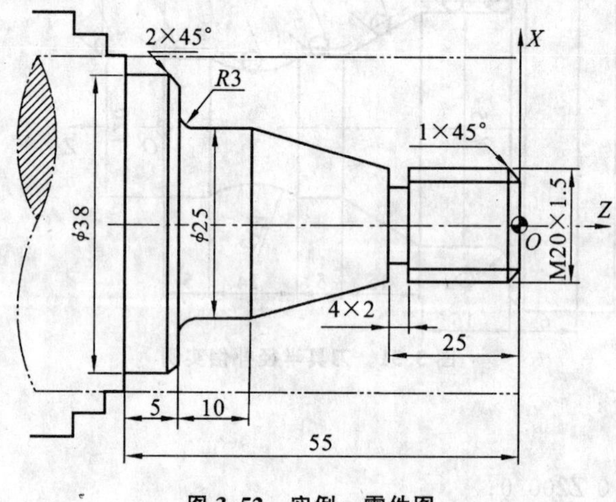

图 3.52 实例一零件图

1. 零件分析

该零件是一实心轴，长度不长，且毛坯有余量，所以可采用三爪卡盘直接夹紧工件毛坯外圆面定位，一次装夹将工件连续加工完成。棒料装夹时伸出卡盘的长度取 65 mm，如图 3.52所示。

此工件的车削加工包括车外圆、倒角、锥面、圆弧过渡面、切槽、螺纹和切断。

2. 工艺分析

该工件可按以下顺序加工：

① 粗车外轮廓，为精加工留出合适精加工余量；

② 精车外轮廓，将工件各表面加工到图纸尺寸；

③ 加工 4×2 mm 的退刀槽；

④ 加工 M20×1.5 mm 的螺纹；

⑤ 切断。

3. 刀具的选择及相应的切削用量

根据工件的加工要求，需选用外圆车刀、切断刀和螺纹刀各一把。由于工件的精度要求不高，粗车和精车外圆车刀可使用同一把车刀。

各刀具的数据如表 3.10 所示。

表 3.10　刀具参数和切削用量

刀具		刀具号和刀补号	刀具参数	主轴速度	进给速度
轮廓车刀	粗车时	T0101	90°偏刀	500 r/min	0.3 mm/r
	精车时			1200 r/min	0.15 mm/r
切槽刀		T0202	刀宽 4mm	300 r/min	0.05mm/r
螺纹刀		T0303	60°刀尖角	400 r/min	1.5mm/r

4. 工件原点的确定

选取工件的右端面中心点 O 为工件坐标系的原点。

5. 相关数值计算

由于螺纹精度要求不高，所以其大、小径可按以下公式计算。

螺纹大径：$D_{大} = D_{公称直径} - 0.1$ 螺距 $= (20 - 0.1 \times 1.5)$ mm $= 19.85$ mm

螺纹小径：$D_{小} = D_{公称直径} - 1.3 \times$ 螺距 $= (20 - 1.3 \times 1.5)$ mm $= 18.05$ mm

螺纹牙高：$H_{牙高} = (D_{大} - D_{小})/2 = (19.85 - 18.05)/2$ mm $= 0.9$ mm

6. 加工程序

```
O0050;
N10 G50 X100.0 Z200.0;
N20 G00 G99 G97 M03 S500 F0.3;
N30 T0101;                          换外轮廓车刀;
N40     X42.0 Z5.0;                 定位到循环起点;
N50 G71 U2.0 R1.0;
N60 G71 P70 Q160 U0.6 W0.1;
N70 G00 X17.85 S1200 F0.15;
N80 G01 Z0;
N90     X19.85 W-1.0;
N100    W-24.0;
N110    X25.0 W-15.0;
N120    W-7.0;
```

```
N130 G02 X31.0 W-3.0 R3.0;
N140 G01 X34.0;
N150     X38.0 W-2.0;
N160 G01 W-3.0;                          粗加工程序;
N170 G70 P70 Q160;                       精加工程序;
N180 G00 X100.0 Z200.0;                  退刀;
N190 T0202;                              换切槽刀;
N200 G00 X220.0 Z-25.0 S300 M08;
N210 G01 X16.0 F0.05;                    切 4 mm 宽退刀槽;
N220 G04 X3.0;
N230 G00 X100.0 M09;
N240     Z200.0;
N250 T0303;                              换螺纹车刀;
N260 G00 X22.0 Z5.0 S400;
N270 G92 X19.05 Z-22.0 F1.5;
N280     X18.45;
N290     X18.15;
N300     X18.05;
N310     X18.05;                         光刀处理;
N320 G00 X100.0 Z200.0;                  切螺纹;
N330 T0202;                              换切断刀;
N340 G00 X42.0 Z-59.0 S300 M08;
N350 G01 U-7.0 F0.05
N360 G04 X2.0;
N370 M98 P4 0030;                        切断;
N380 G00 X100.0 M09;
N390     Z200.0;
N400 M05;
N410 M30;
```

切断子程序:

```
O0030
N10 G00 U-6.0;
N20     W-1.0;
N30 G01 U-11.0;
N40 G04 X2.0;
N50 G00 U-6.0;
N60     W1.0;
N70 G01 U-11.0;
N80 G04 X2.0;
```

N90 M99;

注:在螺纹加工时,也可以用G76螺纹加工复合循环指令编程;在切断加工时,也可以用G75外圆切槽复合循环指令编程,由编程者自行选用。

3.8.2　数控车床盘类工件的车削加工实例

盘类零件的最大特点是径向尺寸较大,而轴向尺寸较小,而且盘类零件需要加工的形状相对复杂。所以一般盘类零件的程序比较长,用到的刀具也比较多。

实例二:在数控车床上加工如图3.53所示的零件,编写加工程序并作简单工艺分析。毛坯为ϕ42 mm圆棒料,材料为45号钢。

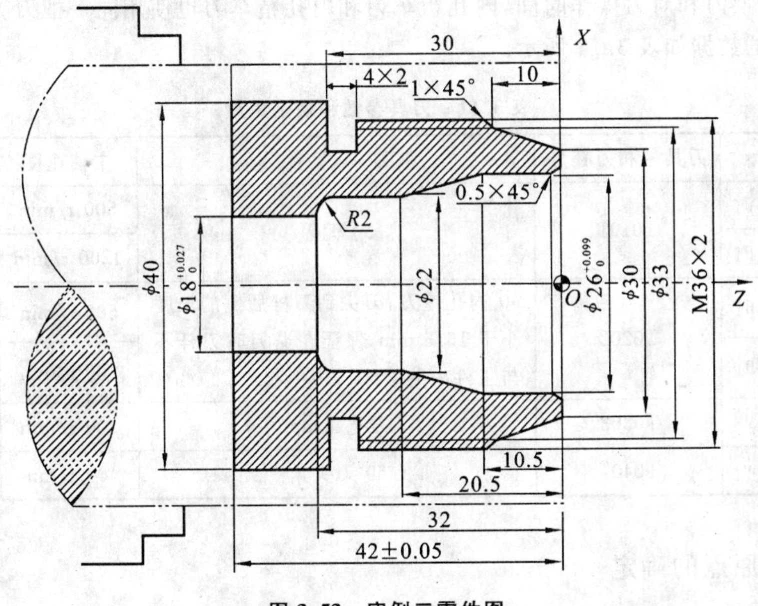

图3.53　实例二零件图

1. 零件分析

该零件是带螺纹的盘类工件,毛坯有余量且没有热处理要求,所以可采用三爪卡盘直接夹紧工件毛坯面定位,一次装夹将工件连续加工完成。棒料装夹时伸出卡盘的长度取52 mm,如图3.53所示。

此工件的车削加工包括车外轮廓、内轮廓、倒角、锥面、圆弧过渡面、外轮廓槽、外螺纹和切断,而且部分尺寸有较高的精度要求。为了保证精度要求,对带有尺寸公差的轮廓尺寸通常取公差两极限尺寸的中间值。

2. 工艺分析

该工件可按以下顺序加工:

① 手动钻定位中心孔,再用ϕ17 mm的麻花钻钻深47 mm的孔;

② 粗车外轮廓,为精加工留出直径0.5 mm的精加工余量;

③ 粗车内轮廓，为精加工留出直径 0.5 mm 的精加工余量；
④ 精车内轮廓，将精加工余量一次性去除；
⑤ 精车外轮廓，将精加工余量一次性去除；
⑥ 加工 4×2 mm 的退刀槽；
⑦ 加工 M36×2 mm 的螺纹；
⑧ 切断。

3. 刀具的选择及相应的切削用量

根据工件的加工要求，需选用外圆车刀、内孔镗刀、切断刀和螺纹刀各一把。由于工件外轮廓的精度要求不高，故外圆粗车刀和外圆精车刀可使用同一把车刀；又因刀架为四工位，为了减少换刀和对刀操作时间，内孔粗车刀和内孔精车刀也使用同一把刀。

各刀具的数据如表 3.11 所示。

表 3.11　刀具参数和切削用量

刀　具		刀具号和刀补号	刀 具 参 数	主轴速度	进给速度
外轮廓车刀	粗车时	T0101	90°偏刀	500 r/min	0.3 mm/r
	精车时			1200 r/min	0.15 mm/r
内轮廓车刀	粗车时	T0202	90°内孔镗刀，刀尖到刀杆后侧的长度小于 16.5 mm，保证在退刀时刀杆不与工件内壁干涉	500 r/min	0.2 mm/r
	精车时			800 r/min	0.1 mm/r
切槽刀		T0303	刀宽 4 mm	300 r/min	0.05 mm/r
螺纹刀		T0404	60°刀尖角	400 r/min	2 mm/r

4. 工件原点的确定

选取工件的右端面中心点 O 为工件坐标系的原点。

5. 相关数值计算

(1) 由于螺纹精度要求不高，所以其大、小径可按以下公式计算。

螺纹大径：$D_{大}=D_{公称直径}-0.1$ 螺距$=(36-0.1\times 2)$ mm$=35.8$ mm

螺纹小径：$D_{小}=D_{公称直径}-1.3\times$螺距$=(36-1.3\times 2)$ mm$=33.4$ mm

螺纹牙高：$H_{牙高}=(D_{大}-D_{小})/2=(35.8-33.4)/2$ mm$=1.2$ mm

(2) 公差尺寸处理。

$\phi18$ 孔的编程尺寸取为$(18-(0-0.027)/2)$ mm$=18.0135$ mm

$\phi26$ 孔的编程尺寸取为$(26-(0-0.099)/2)$ mm$=26.0495$ mm

长度 42 mm 的编程尺寸取为 42 mm。

6. 加工程序

先用 $\phi17$ mm 的麻花钻手动钻深 47 mm 的孔，再自动运行加工程序：

```
O0040;
N10 G50 X150.0 Z200.0;
N20 G00 G99 G97 M03 S500 F0.3;
N30 T0101;
N40     X44.0 Z5.0;
N50 G71 U2.0 R1.0;
N60 G71 P70 Q140 U0.5 W0.1;
N70 G00 X30.0 S1200 F0.15;
N80 G01 Z0;
N90     X33.0 Z-10.0;
N100    X33.8;
N110    X35.8 W-1.0;
N120    Z-30.0;
N130    X40.0
N140 G01 Z-43.0;                          粗车外圆;
N150 G00 X150.0 Z200.0;
N160 T0202;
N170 G00 X17 Z5.0 S500 M08 F0.2;
N180 G71 U1.0 R0.5;
N190 G71 P200 Q270 U-0.5 W0.05;
N200 G00 X27.050 S800;
N210 G01 Z0 F0.1;
N220     X26.050 Z-0.5;
N230     Z-10.5;
N240     X22.0 Z-20.5;
N250     Z-30.0;
N260 G03 X18.014 Z-32.0 R2.0;
N270 G01 Z-43.0                           粗车内孔;
N280 G70 P200 Q270;                       精车内孔;
N290 G00 X150 Z200.0 M09;
N300 T0101;
N310 G00 X44.0 Z5.0;
N320 G70 P70 Q140;
N330 G00 X150.0 Z200.0;                   精车外圆;
N340 T0303;
N350 G00 X40.5 Z-30.0 S300 M08;
N360 G01 X32.0 F0.05;
N370 G04 X3.0;                            切槽;
N380 G00 X150.0 M09;
```

```
N390      Z200.0;
N400 T0404;
N410 G00 X38.0 Z-6.0 S400;
N420 G92 X35.0 Z-27.0 F2.0;
N430      X34.4;
N440      X33.8;
N450      X33.5;
N460      X33.4;
N470      X33.4;                          车外螺纹；
N480 G00 X150.0 Z200.0;
N490 T0303;
N500 G00 X42.0 Z-46.0 S300 M08;
N510 G01 U-6.0 F0.05
N520 G04 X2.0;
N530 M98 P3 0050;                         切断；
N540 G00 X150.0 M09;
N550      Z200.0;
N560 M05;
N570 M30;
```

切断子程序：

```
O0050
N10 G00 U-5.0;
N20     W-1.0;
N30 G01 U-9.0;
N40 G04 X2.0;
N50 G00 U-5.0;
N60     W1.0;
N70 G01 U-9.0;
N80 G04 X2.0;
N90 M99;
```

思考与练习题

3-1　数控车床的类型有哪些？床身导轨倾斜有什么好处？

3-2　数控车床适合加工哪些工件？数控车床加工零件的工艺性分析包括哪些内容？

3-3　确定数控车床加工工件时的加工顺序一般应遵循什么原则？如何确定数控车床刀具的进给路线？

3-4　数控车床机床原点、参考点、编程原点之间有什么区别？数控车床工件坐标系是如何确定的？

3-5　数控车床编程的特点有哪些？编程时应如何处理尺寸公差？试举例说明。

3-6　试说明新编程序输入 CNC 的方法与操作步骤？

3-7　试说明在 MDI 方式下，让主轴转速为 800 r/min 的方法和操作步骤。

3-8　试述进行刀具半径补偿的原因。

3-9　试述螺纹车削时为什么要留有导入段和导出段？

3-10　简述圆锥切削循环指令中 R 的指定方法？

3-11　试写出普通粗牙螺纹 M48×2 复合螺纹切削循环指令。

3-12　简述 G71、G72、G73 指令的应用场合有何不同？

3-13　某零件如题 3-13 图所示，工件毛坯为 ϕ65×120 mm，材料为 45 号钢，试编写加工程序且作简单的工艺分析。

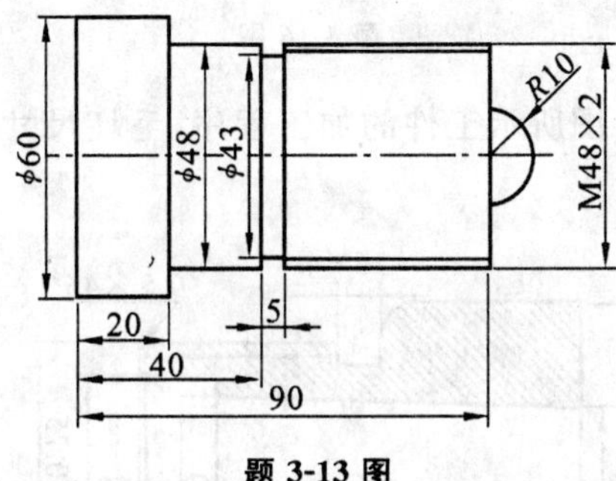

题 3-13 图

3-14　试编写如题 3-14 图所示工件的加工程序，毛坯为 ϕ30×100 mm 的圆钢，材料为 45 号钢。注意计算节点 *A*、*B*、*C* 的坐标值。

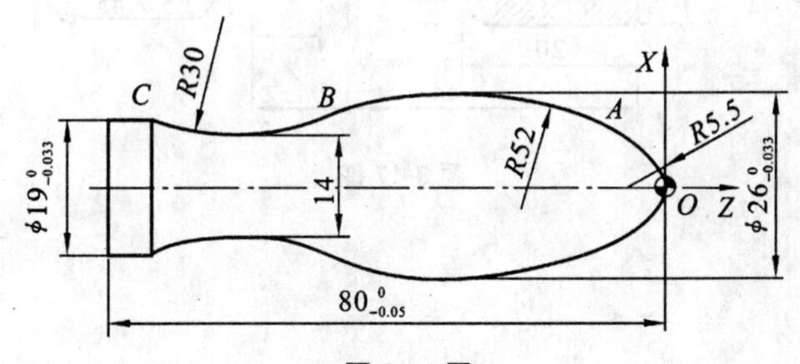

题 3-14 图

3-15　试编写如题 3-15 图所示工件的加工程序，毛坯尺寸为 ϕ30×60 mm，材料为 45 号圆钢。

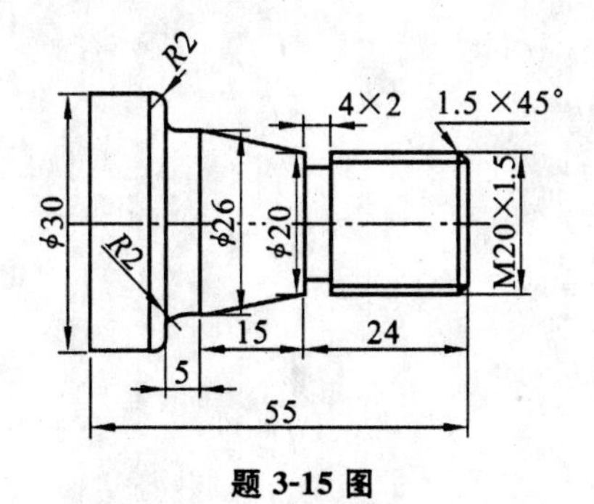

题 3-15 图

3-16　试编写如题 3-16 图所示工件的加工程序，毛坯尺寸为 $\phi48\times50$ mm，材料为 45 号钢。

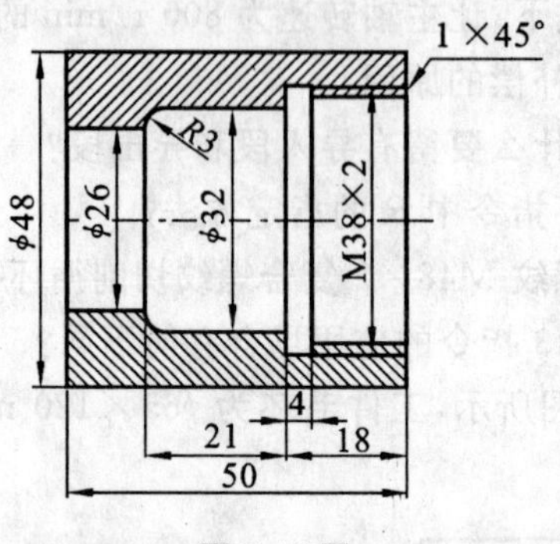

题 3-16 图

3-17　试编写如题 3-17 图所示工件的加工程序，毛坯尺寸为 $\phi40\times50$ mm，材料为 45 号钢。

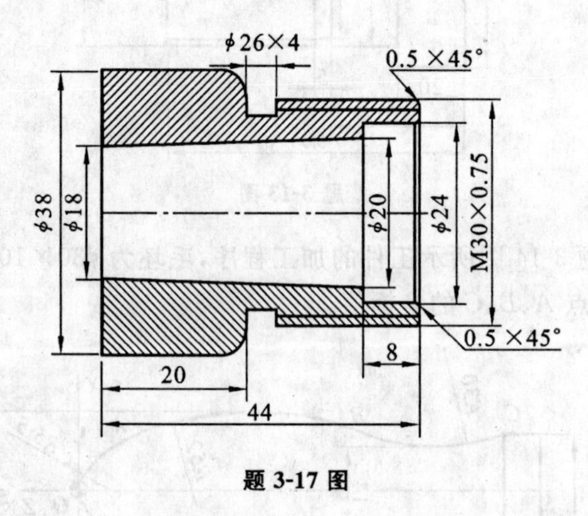

题 3-17 图

第4章 数控铣床的编程与工艺

4.1 数控铣床及其工艺基础

4.1.1 数控铣床简介

数控铣床是一种加工功能很强的数控机床，其用途非常广泛，加工中心、柔性加工单元等都是在数控铣床的基础上发展的，二者都离不开铣削方式。数控铣床可进行 X、Y、Z 三坐标轴的联动加工，多用于二轴或二轴半的加工，具有较丰富的加工功能和较宽的加工范围，可进行孔、螺纹、平面、空间曲面等的加工。本章以 FANUC 0i 系统为例进行介绍。

4.1.2 数控铣床的主要功能

数控铣床可分为立式、卧式和立卧两用式三类。由于各类铣床配置的数控系统不同，其功能也会不尽相同，其主要功能如下。

1. 点位控制功能

点位控制功能主要是针对有位置精度要求的孔的加工。

2. 连续轮廓控制功能

连续轮廓控制功能通过直线和圆弧插补，实现对刀具轨迹的连续轮廓控制，非圆曲线经过直线和圆弧逼近后加工。

3. 刀具半径补偿功能

刀具半径补偿功能只需按工件实际轮廓编程，不必考虑刀具的实际半径大小，避免了复杂的刀具中心轨迹计算。

4. 刀具长度补偿功能

刀具长度补偿功能只需补偿刀具在长度方向的尺寸变化，而不必重新编写加工程序。

5. 比例及镜像加工功能

比例功能是将各轴的移动按比例改变坐标值执行。镜像加工功能又称为轴对称加工，只需编出一部分工件轮廓的程序，其余部分可通过镜像的功能来实现。

6. 固定循环功能和子程序调用功能

对于需要重复出现的刀具运动轨迹，可专门编制出一个程序作为子程序加工调用，大大简化了编程。对储存于系统中的子程序可用一个指令调出的功能，称为固定循环功能。

7. 坐标旋转功能

坐标旋转功能可将加工程序在加工平面内旋转某一角度。

8. 宏程序功能

宏程序功能采用计算机语言通过对变量赋值、运算，用一个指令代码调用该功能，使程序的编制更加灵活、方便。

4.1.3 数控铣床的工艺装备

1. 刀具

数控铣床所采用的刀具与普通铣床采用的刀具大体相同，但加工空间曲面时采用的刀具不同。根据铣削的表面类型不同，刀具的选择如下。

(1) 铣削平面时，一般选择端铣刀，如图 4.1 所示。

(2) 铣削台阶面或小平面时，一般采用立铣刀，如图 4.2 所示。

(3) 铣削键槽时，一般采用两刃或四刃键槽铣刀，如图 4.3 所示。

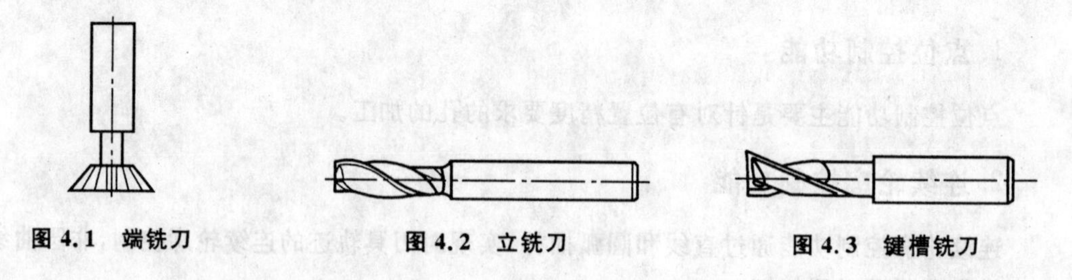

图 4.1 端铣刀　　图 4.2 立铣刀　　图 4.3 键槽铣刀

(4) 孔加工时，可采用钻头、扩孔钻、铰刀、镗刀，如图 4.4 所示。

(5) 加工曲面时，必须采用球头刀才能保证刀具切削刃与加工轮廓在切削点相切，粗加工用两刃铣刀，精加工用四刃铣刀，如图 4.5 所示。

(6) 加工变斜角类零件时，可采用鼓形铣刀，如图 4.6 所示。

2. 夹具

数控铣床虽然主要用于复杂形状的工件加工，但所使用的夹具结构与普通铣床夹具并

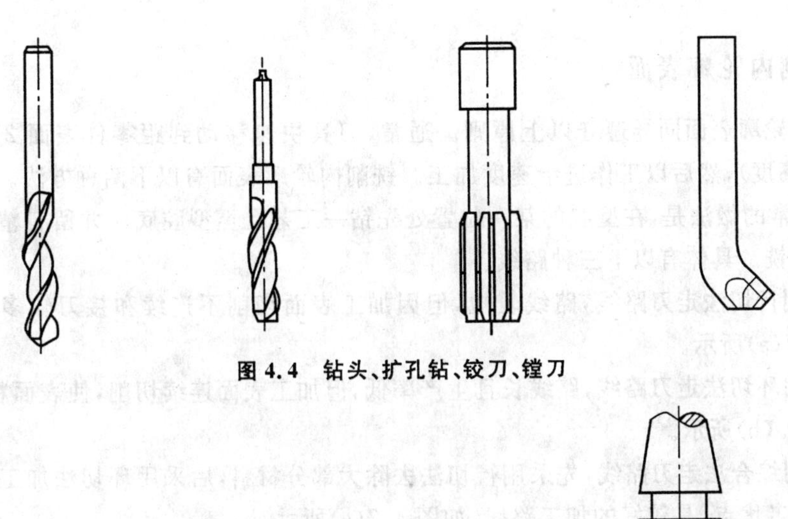

图 4.4　钻头、扩孔钻、铰刀、镗刀

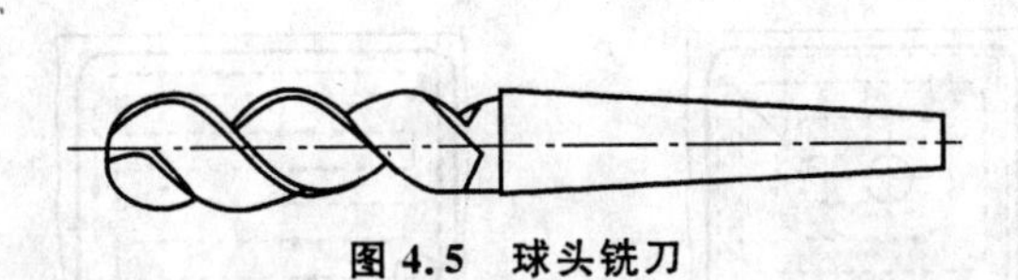

图 4.5　球头铣刀

图 4.6　鼓形铣刀

无本质不同。在选择数控铣床夹具时，要全面考虑加工质量、生产率和经济性，主要取决于零件的生产类型。单件小批量生产时，一般可直接在机床工作台上通过调整实现对工件的定位与夹紧，或采用组合夹具；大批大量生产时可采用专用夹具，或考虑采用多工位夹具和气、液压夹具。另外，对于并不很复杂的小型工件可直接用虎口钳装夹。

4.1.4　数控铣削加工路线的确定

编程前首先要确定好加工路线。加工路线的确定对能否保证加工质量和提高加工效率起到至关重要的作用。确定加工路线应从以下几方面考虑。

1. 采用加工路线最短的原则

应减少空刀时间，提高加工效率。

2. 尽量采用顺铣加工原则

顺铣和逆铣对加工表面粗糙度会产生不同的影响。由于数控铣床采用滚珠丝杠传动结构，其进给传动间隙很小，顺铣的工艺性就较好。

3. 切向切入和切向切出原则

刀具切入点和切出点一般选在工件轮廓几何要素的交点，特别是在铣削平面轮廓时，应避免在零件重要表面的法向方向进刀，以免留下切痕。

4. 铣削外轮廓表面

铣削外轮廓表面采用立铣侧刃或端刃切削，或者采用端铣刀切削，并按以上原则进行。

5. 铣削内轮廓表面

铣削内轮廓表面同样遵守以上原则。通常，刀具快速移动到距零件表面 2～5 mm 处(简称安全高度)，然后以工作进给速度加工。铣削内轮廓表面有以下两种方法。

(1) 通常的做法是，在型腔的某一位置处先钻一工艺孔至型腔底面并留有精铣余量，最后沿周边精铣。具体有以下三种路线。

① 采用行切法走刀路线，路线较短，但因加工表面切削不连续和接刀较多，表面质量差，如图 4.7(a)所示。

② 采用环切法走刀路线，路线长且生产率低，但加工表面连续切削，使表面粗糙度值较低，如图 4.7 (b)所示。

③ 采用综合法走刀路线，先采用行切法去除大部分材料，后采用环切法加工轮廓表面。此法兼顾两者优点，是较好的加工路线，如图 4.7(c)所示。

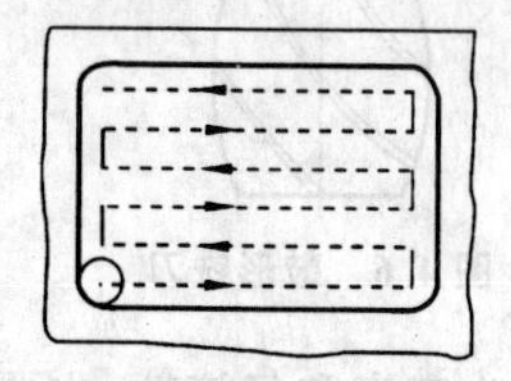

(a) 行切法走刀路线

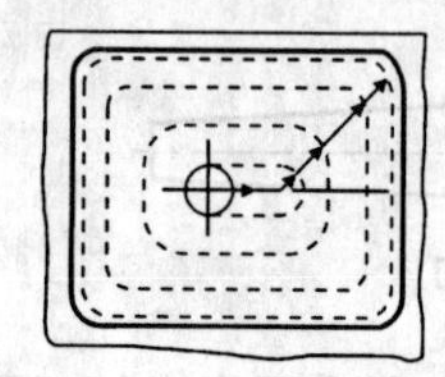

(b) 环切法走刀路线

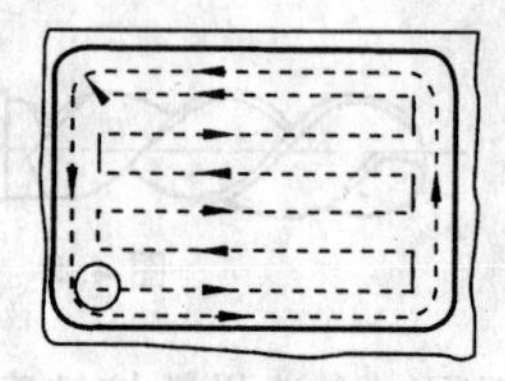

(c) 综合法走刀路线

图 4.7　凹槽加工路线的对比

(2) 采用倾斜下刀方式。

采用立铣刀，随着 X 或 Y 轴方向的移动，Z 轴方向同时移动(深度和周边都留有精铣余量)，以达到用立铣刀直接下刀的方法。

(3) 采用螺旋下刀方式。

此方式与上述方式相似，刀具在 X、Y 面走圆弧的同时，Z 轴方向同时移动。

6. 刀具的进退刀方式

铣削加工最常见的进退刀方式有直线进退刀和圆弧进退刀两种方式。粗加工为节省时间可采用直线进退刀方式；精加工为得到较好的表面质量可采用圆弧进退刀方式。如图 4.8 所示，铣削外轮廓表面时常采用直线进退刀方式(进刀 $A-B-C$，退刀 $D-B-E$)；铣削内轮廓表面时常采用圆弧进退刀方式(进刀 $F-G-J$，退刀 $I-G-H$)。

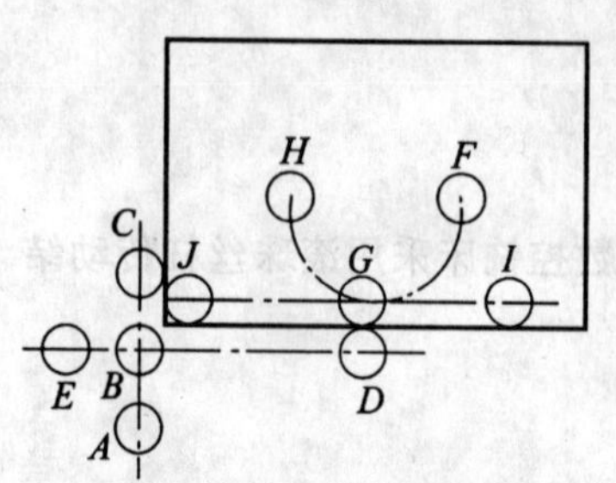

图 4.8　刀具的进退刀方式

注：铣削内轮廓表面有时也采用法向进刀，这样会在进刀处留下切痕，因此在精加工时，应多次进刀逐渐消除切痕。

7. 铣削曲面的加工路线

对于边界敞开的曲面，使用球头刀采用行切法进行加工，行间距依零件加工精度而定，如图 4.9 所示两种加工路线。

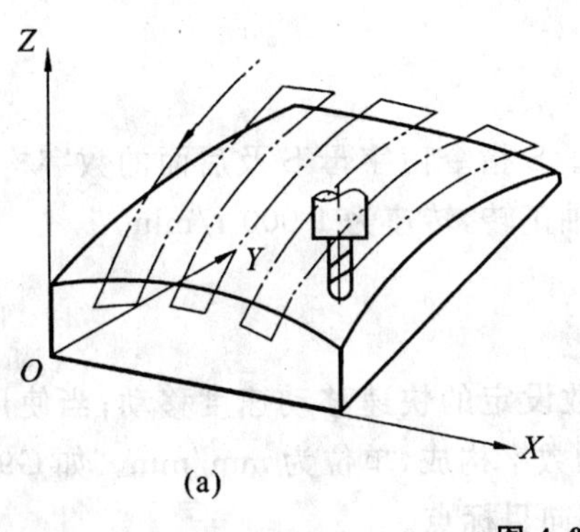

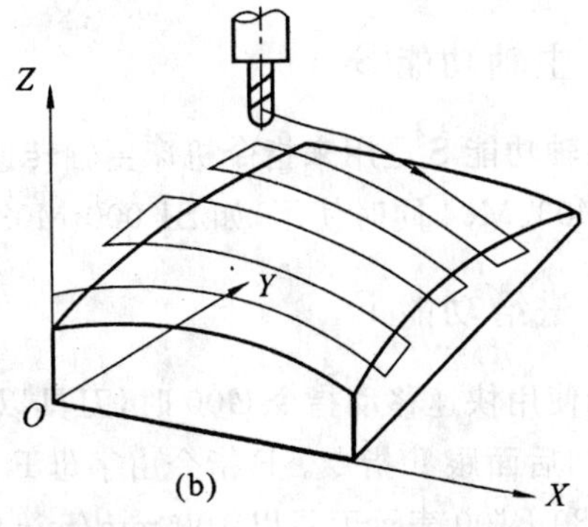

图 4.9　行切加工曲面

4.2　数控铣削编程基础

4.2.1　数控系统的 M、S、F 功能

1. 辅助功能 M

辅助功能 M 是指控制操作的工艺性指令，控制机床的“开-关”状态。它分为前指令代码和后指令代码两类。当机床移动指令和 M 指令在同一程序段时，若同时执行移动指令和 M 指令，则 M 称为前指令代码；若移动指令完成后再执行 M 指令，则 M 称为后指令代码。M 指令由字母 M 及后面的数字构成。

在同一程序段中只能执行一个 M 功能指令，若同时指定了两个或两个以上的 M 指令，则只有最后一个指令有效。

常用 M 代码及其功能如表 4.1 所示。

表 4.1　常用 M 代码及其功能

M 代码	功　能	执行指令类别
M00	程序停止	后指令代码
M01	选择停止	后指令代码
M02	程序结束	后指令代码
M30	程序结束返回	后指令代码
M03	主轴正转	前指令代码
M04	主轴反转	前指令代码
M05	主轴停止	后指令代码
M08	切削液开	前指令代码
M09	切削液关	后指令代码
M13	主轴正转、切削液开	前指令代码
M14	主轴反转、切削液开	前指令代码
M98	调用子程序	后指令代码
M99	子程序结束	后指令代码

2. 主轴功能 S

主轴功能 S 是用来指令机床主轴转速的功能。S 指令由字母 S 及后面的数字构成，且要与 M03、M04 同时使用，如 S1 000 M03 表示主轴正转，转速为 1 000 r/min。

3. 进给功能 F

当使用快速移动指令 G00 时，刀具以系统参数设定的快速移动速度移动；当使用 G01 指令时，后面跟 F 指令。F 指令由字母 F 及后面的数字构成，单位为 mm/min。如 G90 G01 X50 Y80 F100 表示刀具以 100 mm/min 的速度移向目标点。

4.2.2 常用准备功能指令

1. 绝对坐标编程指令 G90

指令格式：

G90

该指令表示刀具移动的位置坐标是工件坐标系中的绝对坐标。系统的初始状态为 G90。

2. 增量坐标编程指令 G91

指令格式：

G91

该指令表示刀具移动的位置坐标是以当前位置为原点的增量坐标。G91 和 G90 皆为模态指令。

G91 和 G90 的使用应根据零件的设计基准、是否使用子程序等具体情况而定。

3. 快速点定位指令 G00

指令格式：

G00 X_ Y_ Z_；

该指令表示刀具以点位控制方式快速移动到目标点，其中刀具移动速度由系统参数设定，刀具的运动轨迹并非直线。

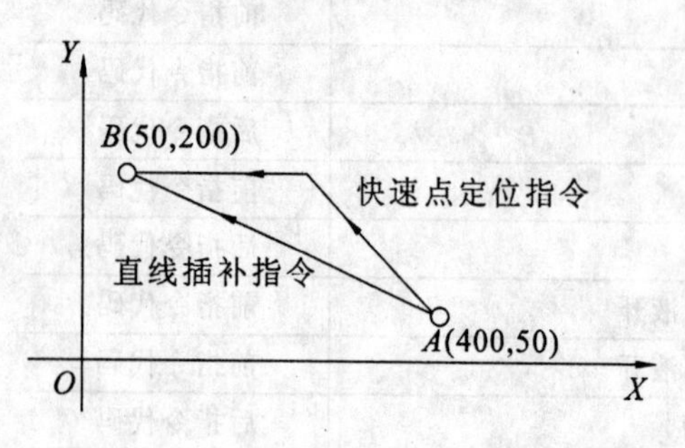

图 4.10　快速点定位指令和直线插补指令

例 4.1　如图 4.10 所示，刀具以 A 点快速定位到 B 点，其程序为：

G00 G90 X50 Y200；绝对坐标编程

G00 G91 X－350 Y150；增量坐标编程

4. 直线插补指令 G01

指令格式：

G91 X_ Y_ Z_ F_；

该指令表示刀具以两坐标轴联动方式按指令的进给速度 F 到达目标点坐标位置，其中刀具轨迹为直线。

G01 和 G00 皆为模态指令。

例 4.2 如图 4.10 所示，刀具以 *A* 点到 *B* 点作直线切削，其程序为：

G01 G90 X50 Y200 F100；绝对坐标编程

G01 G91 X－350 Y150 F100；增量坐标编程

5. 平面选择指令 G17、G18、G19

该组指令用于指定圆弧插补和刀具半径补偿平面，如图 4.11 所示，其中 G17 用于选择 *XY* 平面，G18 用于选择 *ZX* 平面，G19 用于选择 *YZ* 平面，它们均为模态指令。系统的初始状态为 G17。

6. 圆弧插补指令 G02、G03

G02 表示顺时针圆弧插补，G03 表示逆时针圆弧插补，它们均为模态指令。其判别方法是：沿与圆弧插补平面垂直坐标轴的正向往负向看，刀具轨迹顺时针为 G02，逆时针为 G03，如图 4.12 所示。

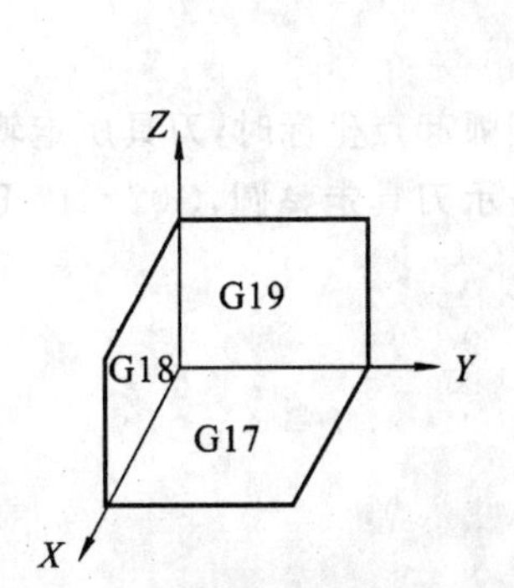

图 4.11 平面选择指令 G17、G18、G19

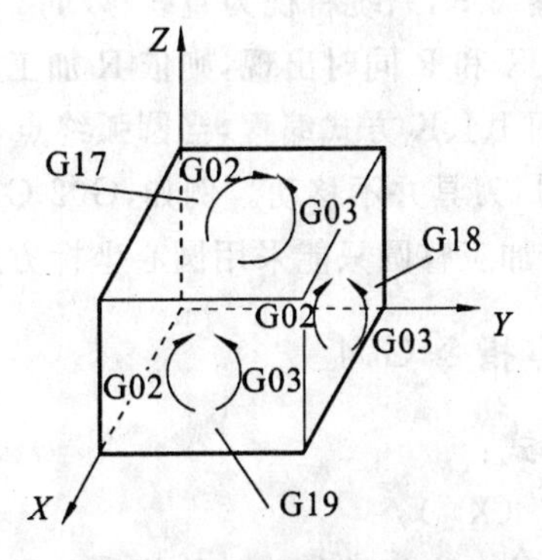

图 4.12 圆弧插补方向

圆弧编程方式有以下两种。

(1) 圆心坐标编程方式。

指令格式：

$$\begin{Bmatrix} G17 \\ G18 \\ G19 \end{Bmatrix} \begin{Bmatrix} G02 \\ G03 \end{Bmatrix} \begin{Bmatrix} X\_\ Y\_\ I\_\ J\_ \\ X\_\ Z\_\ I\_\ K\_ \\ Y\_\ Z\_\ J\_\ K\_ \end{Bmatrix} F\_;$$

当采用绝对坐标编程时，X、Y、Z 为工件坐标系中圆弧的终点坐标；当采用增量坐标编程时，X、Y、Z 为圆弧终点相对于起点的增量坐标。

I、J、K 表示圆心坐标，它们是圆心相对于圆弧起点的增量坐标，即用圆心坐标减去圆弧起点坐标所得之差，它们与 G90 和 G91 的选择无关，如图 4.13 所示。

(2) 半径编程方式。

指令格式：

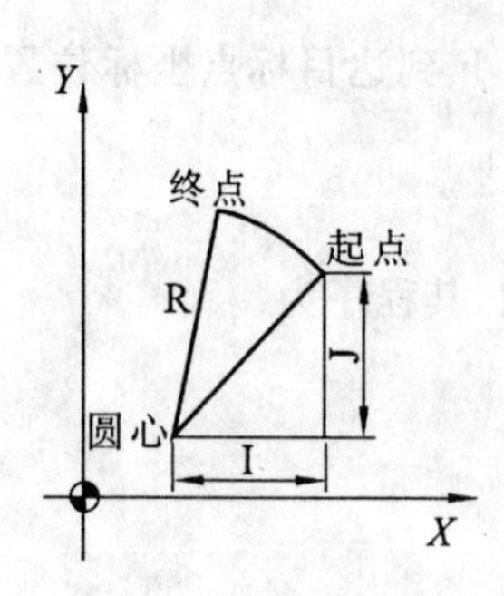

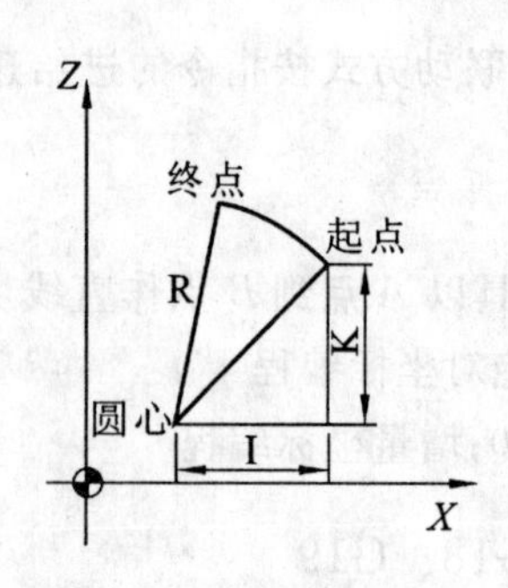

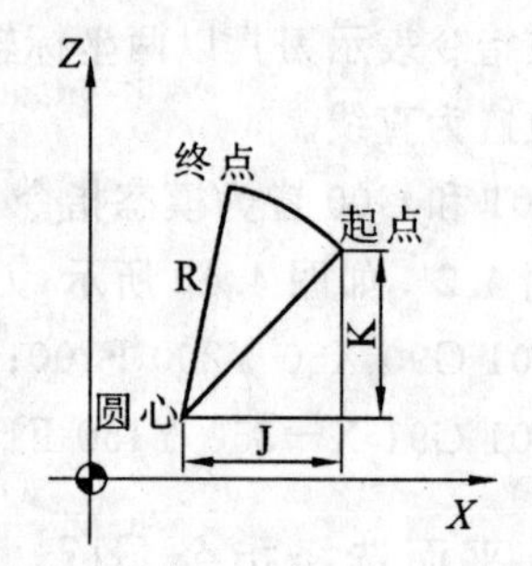

图 4.13　圆心增量坐标

$$\begin{Bmatrix} G17 \\ G18 \\ G19 \end{Bmatrix} \begin{Bmatrix} G02 \\ G03 \end{Bmatrix} \begin{Bmatrix} X\_\ Y\_ \\ X\_\ Z\_ \\ Y\_\ Z\_ \end{Bmatrix} R\_\ F\_\ ;$$

R 为圆弧半径。当圆弧所夹圆心角 $\alpha \leqslant 180°$ 时，R 值取正；当 $\alpha > 180°$ 时，R 值取负。如果以 R 指令给出圆弧半径，则程序中的圆心坐标可省略。

F 值为圆弧的切向进给速度。

使用圆弧插补指令应注意如下事项：

① 如漏编 R，系统将视为直线移动；

② I、J、K 和 R 同时出现，则依 R 加工圆弧；

③ 采用 I、J、K 方式编程，当圆弧终点坐标等于圆弧起点坐标时，刀具所走轨迹为整圆；当只有 R 时，刀具并不移动。例如，G02 G17 I_ J_ 表示刀具走整圆，G02 G17 R_表示刀具不动。如需加工整圆只能采用圆心坐标方式编程。

7. 暂停指令 G04

指令格式：

G04 P_（X _）；

该指令使各坐标轴的移动均停止一段指定的时间，但主轴转动仍正常。其中字母 X 后可用小数点编程，字母 P 后则不允许用小数点编程。

例如，G04 X3.5 或 G04 X3500 均表示暂停 3.5 s。

8. 公制和英制输入指令 G21、G20

一般机床出厂时，将公制输入指令 G21 设定为参数缺省状态，用公制输入程序时可不用再指定 G21；但用英制输入程序时，在程序开始设定坐标系之前，必须指定 G20。

公制和英制单位的转换关系为：1 mm≈0.394 in；1 in≈25.4 mm。

4.2.3　坐标系功能

数控机床坐标系可分为机床坐标系、工件坐标系和局部坐标系，分别用不同的指令建立各坐标系和返回机床参考点。

1. 机床坐标系建立指令 G53

指令格式：

G90 G53 X_ Y_ Z_

该指令使刀具快速定位至机床坐标系的目标位置点 X_ Y_ Z_。

使用机床坐标系应注意如下事项：

① 执行 G53 指令前必须完成机床回参考点操作；

② G53 指令只在 G90 状态下有效，在 G91 状态下无效；

③ G53 为非模态指令，仅在本程序段有效；

④ G53 指令取消刀具半径补偿和长度补偿。

2. 工件坐标系指令 G92、G54～G59

通常工件坐标系的建立方法有以下两种。

(1) 通过手动数据方式输入工件坐标原点在机床坐标系中的坐标值，为方便编程，避免一些烦琐计算，工件坐标可同时建立 6 个，然后用 G54～G59 调用，系统的初始状态为 G54。如图 4.14 所示。

例如：G54 G00 G90 X50 Y50；　　执行此程序段，刀具行至 A 点。

　　　G59 G00 X60 Y50；　　执行此程序段，刀具行至 B 点。

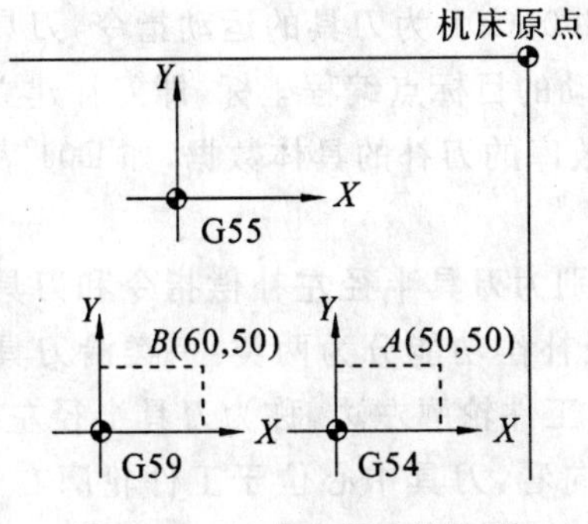

图 4.14　工件坐标系的使用

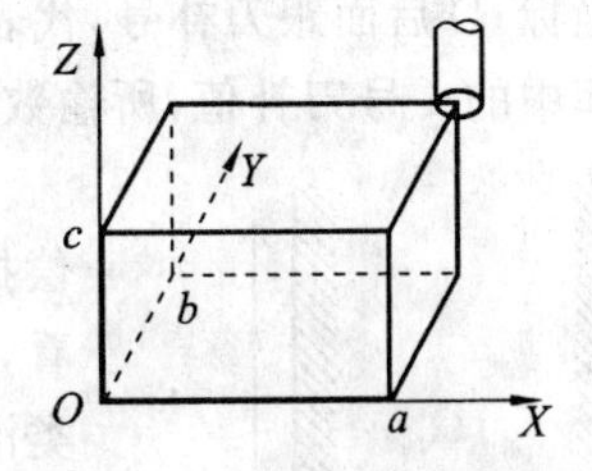

图 4.15　设定工件坐标系

(2) 程序指令设置工件坐标系 G92。

指令格式：

G92 X_ Y _ Z_；

如图 4.15 所示，执行程序段 G92 Xa Yb Zc 之前，刀具刀位点必须位于点(a,b,c)处，则执行该程序段后，建立了以工件原点为原点的工件坐标系。执行 G92 指令时，机床并不动作。机床重开机时，该坐标系消失。

3. 局部坐标系指令 G52

指令格式：

G52 X_ Y _ Z_；

该指令是在原工件坐标系内重新建立新的工件坐标系，X_ Y _ Z_为新的局部坐标系原点在原工件坐标系中的坐标值。取消局部坐标系，采用 G52 X0 Y0 Z0；此指令是为编程和计算的方便而设定的。

4.2.4 刀具补偿功能

1. 刀具半径补偿功能

(1) 设置刀具半径补偿功能的原因。

数控系统是通过控制刀具中心(刀位点)的轨迹来实现对工件加工的，实际上刀具是有一定半径的，不同的刀具其半径值不同，而同一把刀具由于磨损量的存在，其半径值在不同时间也不相同。如果按照刀具中心轨迹编程，其计算相当复杂，有时甚至是不可能的，尤其是对一些复杂的工件轮廓。数控系统有了半径补偿功能，其编程只需按工件轮廓进行，系统会根据输入的刀具半径偏置量自动计算出刀具中心轨迹，使刀具偏离工件轮廓一个刀具半径偏置量，同时也便于控制工件的尺寸精度。

(2) 刀具半径补偿功能指令 G41、G42、G40。

指令格式：

$$\left\{\begin{matrix} G17 \\ G18 \\ G19 \end{matrix}\right\} \left\{\begin{matrix} G00 \\ G01 \end{matrix}\right\} \left\{\begin{matrix} G41 \\ G42 \end{matrix}\right\} \left\{\begin{matrix} X\_\ Y\_ \\ X\_\ Z\_ \\ Y\_\ Z\_ \end{matrix}\right\} D\_\ ;$$

其中：G17、G18、G19 为指定的半径补偿平面；G00、G01 为刀具的运动指令，刀具补偿的建立必须在 G00 或 G01 状态下完成；X、Y、Z 为运动的目标点编程坐标，即刀补建立完成后的终止点坐标；D 后面跟刀补号，代表刀具偏置参数库的刀补的具体数据，如 D01 表示刀具偏置参数库中的 1 号刀补值，所输数值为 10.5。

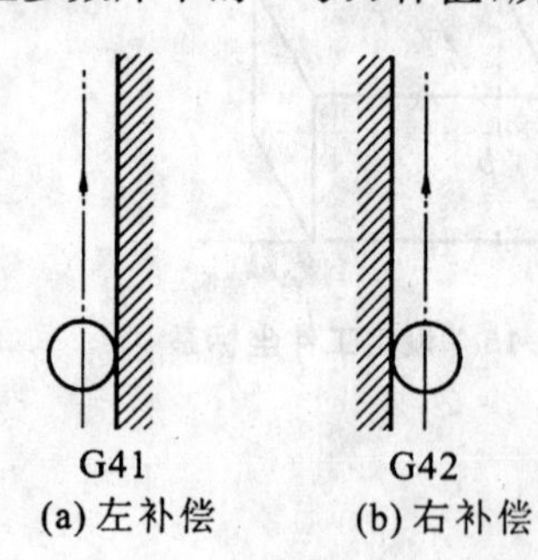

图 4.16　刀具半径左、右补偿

G41、G42 分别为刀具半径左补偿指令和刀具半径右补偿指令，刀具半径补偿功能分为两类：一类沿刀具前进方向看，刀具中心位于工件轮廓左边，称为刀具半径左补偿；另一类沿刀具前进方向看，刀具中心位于工件轮廓右边，称为刀具半径右补偿，如图 4.16 所示。

加工前预先将刀具补偿值即刀具的半径补偿偏置量输入到 D 对应的刀具半径偏置寄存器中，程序中使用 G41 或 G42 指令。加工时，CNC 系统就会根据程序和刀具半径偏置量自动计算出刀具中心的轨迹，以完成对工件的加工。当刀具半径发生变化或需要控制工件的尺寸精度时，只需改变刀补值即可。改变了刀补值，即改变了刀具中心偏置工件轮廓的距离，而不需要修改程序。

加工完毕后还必须用刀具半径补偿撤销指令 G40 来取消刀具的偏置，其格式同上。G40 必须与 G41 或 G42 成对使用，取消刀补也只能在 G00 或 G01 状态下。G40 与 G41、G42 皆为模态指令。

(3) 刀具半径补偿的过程。

如图 4.17 所示为刀具半径补偿实例，其加工程序如下：

O0001；	程序号
N10 G54 G90 G17 G00 X0 Y0；	指定刀补面、快速定位
N20 M03 S1000；	主轴正转
N30 Z－5；	刀具下到切削深度
N40 G41 X30 Y20 D01；	建立左刀补、刀补号由 D01 指定
N50 G01 Y70 F100；	
N60 X70；	
N70 Y30；	
N80 X20；	以上为整个切削过程
N90 G00 Z150；	抬刀
N100 G40 X0 Y30 M05；	G40 取消刀补、主轴停转
N110 M30；	程序结束

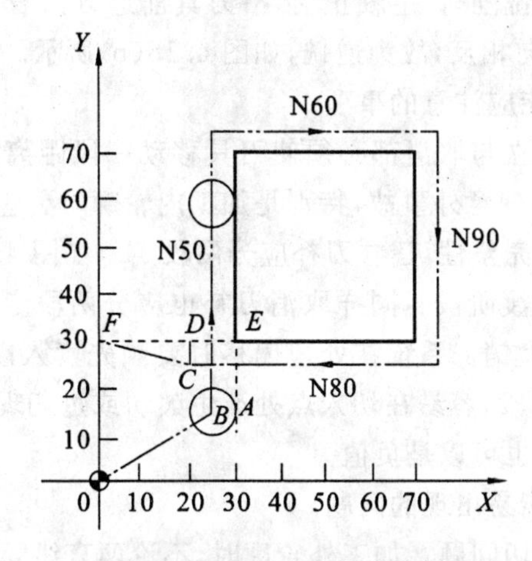

图 4.17 刀具半径补偿实例

由上例可以看出刀具半径补偿的过程由以下三个阶段组成。

① 刀具半径补偿的建立。程序中的 N40 程序段即是刀具半径补偿建立的阶段，系统运行此程序段前预先读入 N50、N60 两程序段，执行此程序段后，刀具中心偏移至 B 点，这个过程是刀具中心由 O 点逐渐移到 B 点进行的，A 点为 N40 程序段的目标点，即刀具在建立半径补偿的过程中作出了从 A 到 B 的矢量 $\overline{AB}$，该矢量垂直于 A 点的切线方向，大小等于刀补值。

② 刀具半径补偿状态。刀补建立后，整个切削过程都是沿着每个切削点的切向往左偏离一个刀补值距离，即加上一个刀补的矢量。这一阶段中，也是每段都先行读入下两个程序段。此阶段可以使用 G00、G01、G02、G03 指令。

③ 刀具半径补偿的取消。工件轮廓加工完成后，刀具应走一段直线以撤销刀补。本例中，当执行 N100 程序段时，刀具中心会作出一个与 N100 程序段的直线垂直向右的矢量 $\overline{CD}$，其大小等于刀补值。刀具半径补偿的取消过程也是沿刀具中心的实际轨迹 C 点到 F 点逐渐移动取消的，此后，刀具中心已过渡到与编程轨迹重合。

(4) G41、G42 与顺、逆铣关系。

① G41 相当于顺铣。铣削时，主轴正转，沿刀具前进方向看，刀具位于工件左侧，其切削速度方向与工件进给方向相同，故为顺铣，如图 4.18(a)所示。

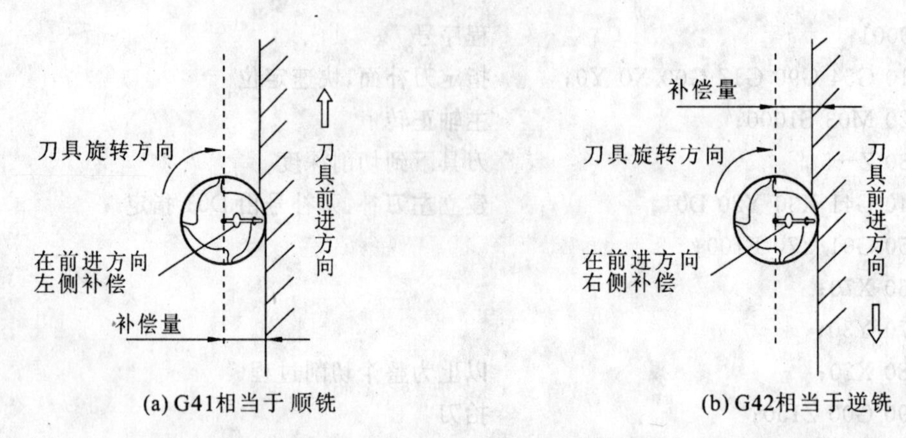

(a) G41相当于顺铣　　(b) G42相当于逆铣

图 4.18　G41、G42 与顺、逆铣的关系

② G42 相当于逆铣。铣削时，主轴正转，沿刀具前进方向看，刀具位于工件右侧，其切削速度方向与工件进给方向相反，故为逆铣，如图 4.18(b)所示。

(5) 使用半径补偿功能应注意的事项。

① 刀具半径补偿的建立与取消都必须使刀具移动一段距离，否则，刀具会沿运动的法线直接偏移一段距离，易出现意外事故，特别是加工内轮廓时更应注意。

② 为保证工件轮廓的完整性，建立刀补应分两段走。如图 4.17 所示，第一段 *OA* 进行刀具补偿，第二段 *AE* 为过渡阶段。同样取消刀补也应分两段走，第一段 *ED* 为过渡阶段，第二段 *DF* 进行刀具补偿撤销。系统在处理偏移时要预先读入以下两个程序段，分析下一步的加工，若不采用过渡阶段，容易在切入点处产生欠切或过切现象。

③ 刀补值可以是正值也可以是负值。

(6) 使用半径补偿功能易出现的问题。

① 加工内轮廓时的过切问题。加工外轮廓时，不论两直线间的夹角大小和曲线曲率半径的大小如何，都能正常加工。但当加工内轮廓时，当出现两直线间的夹角小于 90°，曲线曲率半径小于刀补值或者槽底的宽度小于刀补值的情况时，会发生过切，导致系统报警，如图 4.19 所示。

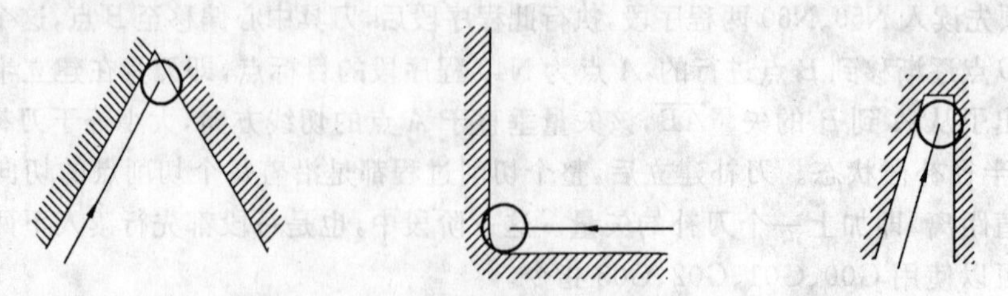

(a) 两直线夹角小于90°　(b) 曲线曲率半径小于刀补值　(c) 槽底宽度小于刀补值

图 4.19　过切现象

② 在建立刀补程序段后，由两个或两个以上程序段无刀具补偿平面的坐标轴移动导致的过切现象。例如：

G04 X5；

G91 X0 Y0；

G00 Z5；

M03 S800；

M05；

建立刀补时，系统只能预读两个程序段，若没有刀补平面内的坐标轴移动，系统就无法判断下一步补偿的矢量方向，作不出矢量，故增加不了刀补，进而产生过切。

2. 刀具长度补偿功能 G43、G44、G49

指令格式：

$\begin{Bmatrix} G00 \\ G01 \end{Bmatrix} \begin{Bmatrix} G43 \\ G44 \end{Bmatrix}$ Z_ H_ ；

其中：Z 为目标点的编程坐标，H 后面一般跟两位数字，表示刀具长度偏置寄存器代号，加工前须将具体的补偿值输入此代号中，其值可为正值、也可为负值；G43 为刀具长度补偿指令，执行此指令时，刀具移动的实际位置等于指令值加上长度补偿值；G44 为刀具长度负补偿指令，执行此指令时，刀具移动的实际位置等于指令值减去长度补偿值；取消刀具长度补偿指令为 G49，其格式同上。G49 指令必须与 G43 或 G44 指令成对使用。

另外，输入 H00 指令亦可取消刀具长度补偿。

刀具长度补偿指令一般用于刀具轴向即 Z 轴方向的补偿。当刀具磨损、换刀或存在刀具安装误差时，不必更改程序，只需修改长度偏置代号中的补偿值即可，简化了编程工作量。同一把刀具通过控制刀具补偿值的大小进行 Z 轴方向的粗、精加工；多把刀具对同一个工件的加工，可以用对刀块或电子对刀仪对刀的方法把其他刀具相对于某一把刀具(作为基准刀具)的相对长度计算出来，编程时采用长度补偿指令处理即可。

如图 4.20 所示，图(a)为同一把刀对工件的加工，当执行程序段 G43 Z10 H08(输入长度偏置量 5)后，其位置比目标高度 Z10 提高了 5 mm；图(b)为两把刀对同一工件的加工，其中第一把刀为基准刀，第二把刀比第一把刀长 3 mm，当执行程序段 G43 Z10 H09(输入长度偏置量 3)后，两把刀平齐。

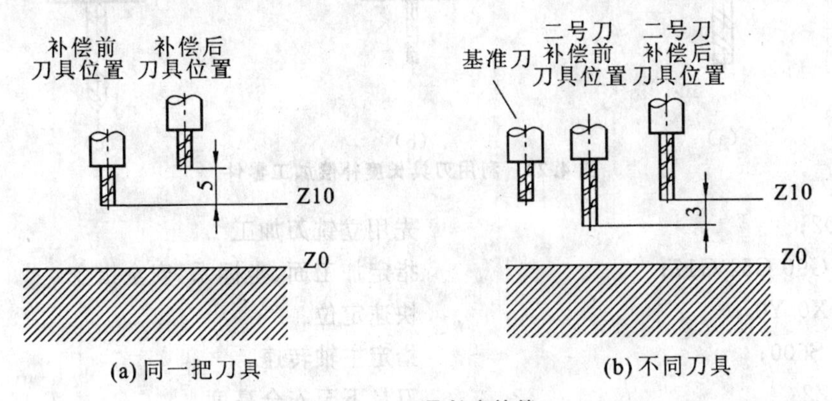

图 4.20　刀具长度补偿

例 4.3　用同一把刀利用半径补偿功能和长度补偿功能同时控制工件的轮廓尺寸精度、深度尺寸精度，如图 4.21 所示。

其加工程序如下：

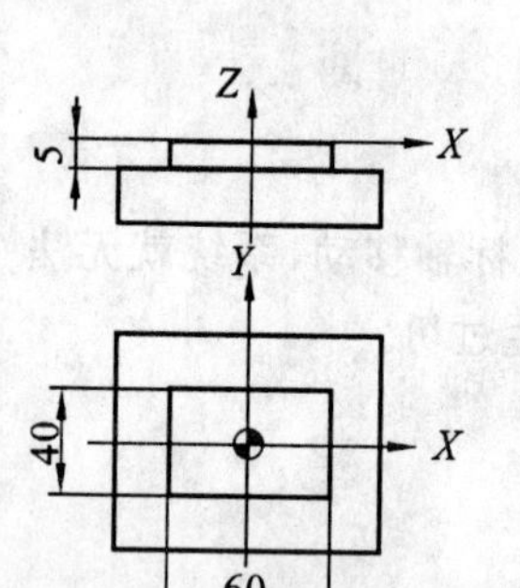

图 4.21　利用刀具补偿加工零件

```
O0001;
N10 G90 G40 G49 G17 G54;           绝对坐标、XY面、安全指令
N20 G00 X-50 Y-50 S800 M03;        快速定位、主轴正转
N30 G43 Z2 H01;                    采用长度补偿功能控制高度尺寸精度
N40 G01 Z-5 F100;                  工进下一深度
N50 G41 X-30 Y-40 D01;
N60 G01 Y20;
N70 X30;
N80 Y-20;
N90 X-40;                          以上为加工工件轮廓
N100 G00 Z100 H00;                 取消长度补偿
N110 G40 X0 Y0;                    取消半径补偿
N120 M30;                          程序结束
```

例 4.4　用多把刀加工同一零件的不同部位，利用长度补偿功能，如表 4.2 和图 4.22 所示。

表 4.2　三种刀具

刀　具	立铣刀	槽铣刀	钻　头
与加工表面或对刀块接触的机械坐标值	－135.660	－137.679	－110.483
与立铣刀的坐标差值	0	－2.019	25.177

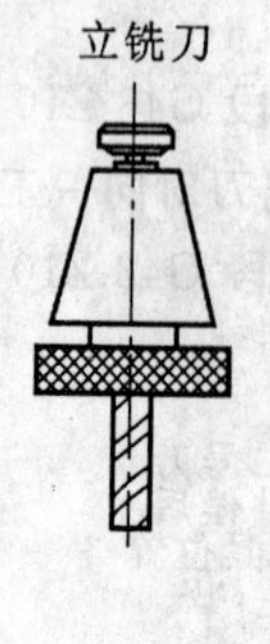

(a)

槽铣刀

(b)

(c)

图 4.22　利用刀具长度补偿加工零件

```
O0002;                 先用立铣刀加工
G49 G90 G54 G17;       指定加工面、坐标系、安全指令
G00 X0 Y0 ;            快速定位
M03 S600;              指定主轴转速
G00 Z2;                刀具下至安全高度
G01 Z-5 F80;           刀具下至所需高度
……                     加工工件过程省略
G00 Z50;               抬刀
M00;                   系统暂停、手动换键槽刀
```

M03 S600；	指定主轴转速
G43 G00 Z2 H06；	设定长度补偿、H06 中输入－2.019
G01 Z－15 F50；	工进加工孔
……	加工过程省略
G49 Z50；	抬刀、取消长度补偿
M00；	系统暂停、手动换钻头
M03 S400；	指定主轴转速
G43 G00 Z2 H08；	设定长度补偿、H08 中输入 25.177
G01 Z－5 F80；	刀具下至所需高度
……	加工过程省略
G49 Z50；	抬刀、取消长度补偿
M30；	程序结束

用多把刀具对同一工件加工时，也可考虑采用多个坐标系的方法，即每把刀具对应一个工件坐标系，在此不再赘述。

4.2.5　坐标系旋转功能与比例镜像功能

1. 坐标系旋转功能 G68、G69

指令格式：

$$\begin{Bmatrix} G17 \\ G18 \\ G19 \end{Bmatrix} G68 \begin{Bmatrix} X\_\ Y\_ \\ X\_\ Z\_ \\ Y\_\ Z\_ \end{Bmatrix} R\_\ ;$$

其中：G17、G18、G19 为坐标系平面选择指令，其上包含被旋转的图形；X、Y、Z 为相应两轴的旋转中心坐标，由 G68 坐标系旋转指令指定，若省略则认为是刀具当前位置；R 为角度位移，逆时针旋转取正值，顺时针旋转取负值。

G69 取消坐标系旋转指令，可与其他指令放在同一程序段内。

采用坐标系旋转指令编程时受 G90、G91 状态的影响，且 G68 指令后的第一个移动指令必须用绝对值坐标 G90 指令，只有这样才能确定坐标旋转中心，否则将不执行正确的移动。

例 4.5　采用坐标旋转指令编写图 4.23 所示图形的加工程序。

加工程序如下：

```
O0003；
N10 G54 G17 G69；
N20 G90 G00 X－100 Y－50；
N30 G68 X70 Y30 R60；
N40 G01 X0 Y0 F100；
   (G91 X100 Y50；)
N50 G91 X100；
N60 G02 Y100 R100；
N70 G03 X－100 I－50 J－50；
```

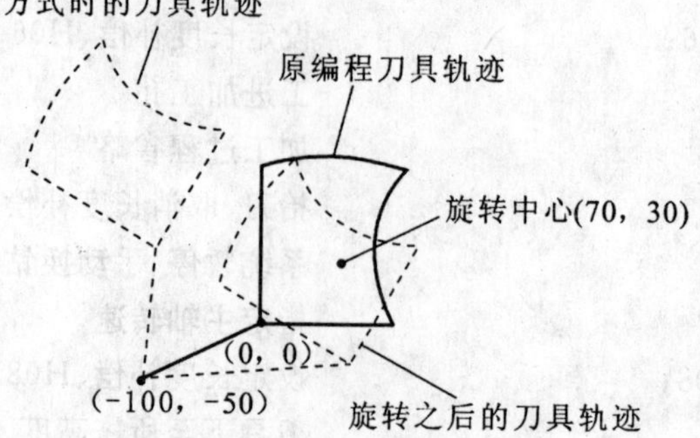

图 4.23 坐标系旋转指令

N80 G01 Y－100；

N90 G69 G90 X－100 Y－50；

N100 M30；

上例中，N40 程序段采用 G90 方式和 G91 方式将得到完全不同的结果。G68 指令后的第一个程序段必须是 G90 方式才能确定坐标系旋转中心，采用增量坐标指令确定的旋转中心是刀具当前位置(即 N20 程序段指定的位置)。

2.坐标系旋转功能与刀具半径补偿功能的关系

刀具半径补偿平面与坐标系旋转平面要一致。当两种指令出现在同一程序段中时，先执行坐标旋转指令 G68，再执行刀具半径补偿指令 G41、G42；取消时反过来，先执行 G40，再执行 G69。

例 4.6 采用坐标系旋转指令和刀具半径补偿指令编写如图 4.24 所示零件的加工程序。

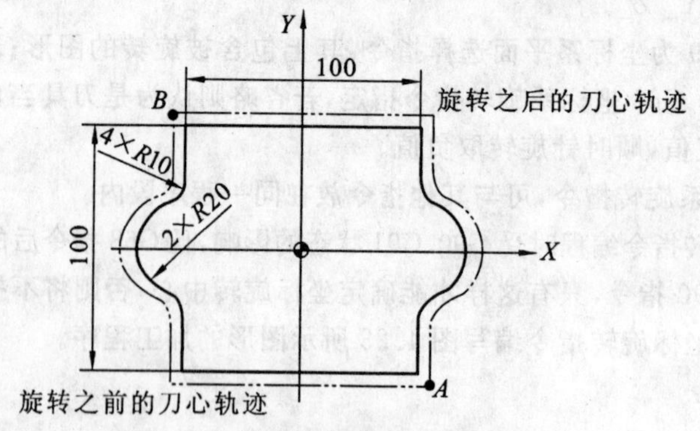

图 4.24 坐标系旋转和半径补偿加工

加工程序如下。

O0001；	子程序号
N10 G90 G40 G17 G54；	绝对坐标编程、指定加工坐标系、安全指令
N20 M03 S1000；	指定主轴转速
N30 G00 X80 Y－60 Z40；	快速定位
N40 Z－5；	刀具下至所需高度
N50 G01 G41 X60 Y－50 D01 F100；	

```
N60 X－50;
N700 Y－28.284;
N80 G03 X－56.667 Y－18.856 R10;
N90 G02 Y18.856 R20;
N100 G03 X－50 Y28.284 R10;
N110 G01 Y55;                   以上为加工半边轮廓的过程
N120 G00 Z100;                  抬刀
N130 G40 Y60;                   取消刀补
N140 M99;                       子程序结束
O0002;                          主程序号
G40 G69 G54 G17 G90;            指定加工坐标系和加工面、绝对坐标编程、
                                安全指令
M98 P0001;                      调用 1 号子程序 1 次
G68 X0 Y0 R180;                 使用坐标系旋转功能
M98 P0001;                      调用 1 号子程序 1 次
G69 X0 Y0 Z120;                 取消坐标系旋转功能
M30;                            主程序结束
```

3. 比例与镜像功能 G51、G50

(1) 各轴按相同比例缩放编程。

指令格式：

G51 X_ Y_ Z _ P _;

其中：X、Y、Z 为比例缩放中心的绝对坐标；P 为比例缩放系数，单位为 0.001，范围为 0.001～999.999，P 值对偏移量无影响。G51 为比例缩放指令，执行该指令后，从比例中心开始的实际移动量为原始值的 P 倍。对 G51 指令必须独立编写一个程序段，且该指令执行完毕后，用取消比例缩放指令 G50 取消。G51、G50 皆为模态指令。

例 4.7　如图 4.25 所示图形，将 P_1(10,10)、P_2(100,10)、P_3(100,90)、P_4(10,90)各点以 P_0(40,45)为比例缩放中心缩小到原来的 0.5 倍。

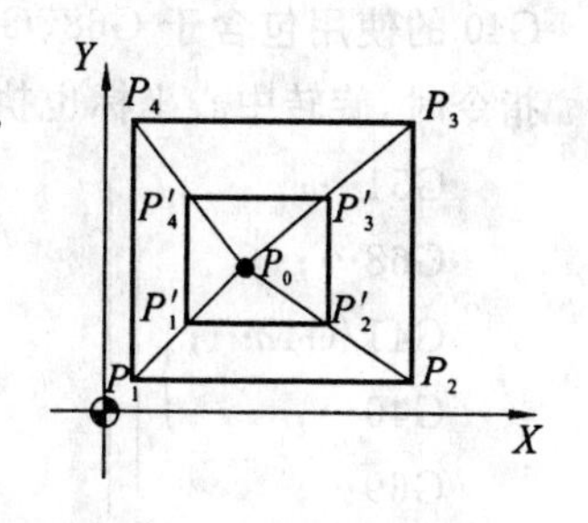

图 4.25　各轴按比例缩放

其程序如下：

```
O0001;
N10 S1000 M03;            指定主轴转速
N20 G00 X10 Y10;          快速定位
N30 G01 X100 Y10 F100;
N40 Y90;
N50 X10;
N60 Y10;                  以上为全部轮廓的加工过程
N70 M99;                  子程序结束
O0002;
```

N10 G54 G90；　　　　指定加工坐标系、绝对坐标编程
N20 M98 P10001；　　　调用 1 号子程序 1 次
N30 G51 X40 Y45 P500；　指定缩放比例
N40 M98 P10001；　　　调用 1 号子程序 1 次
N50 G50；　　　　　　取消指定缩放比例功能
N60 M30；　　　　　　主程序结束

(2) 各轴按不同比例缩放编程。

指令格式：

G51 X_ Y_ Z _ I _ J _ K _；

其中：I _ J _ K _分别是相对于 X、Y、Z 轴的缩放比例系数，单位 0.001，范围为 0.001～±999.999，使用时 I、J、K 不能用小数点，都需输入数值，且不可省略。

(3) 镜像功能。

格式同上，当式中的比例系数为－1 时，即可获得镜像加工的功能。

例 4.8　如图 4.26 所示，利用镜像功能编写其加工程序。

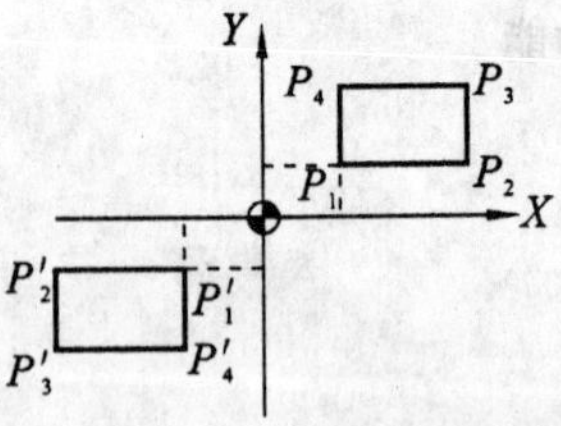

加工程序如下：

O0003；
N10 G54 G90；
N20 M98 P0001；
N30 G51 X0 Y0 I－1000 J－1000；
N40 M98 P0001；
N50 G50；
N60 M05 M30；

图 4.26　镜像功能编程

4. 坐标系旋转、比例缩放与刀具半径补偿功能使用的先后顺序关系

前面已经讲过，刀具半径补偿功能与坐标系旋转功能之间的先后顺序关系。G41、G42、G40 的使用包含于 G68、G69 之中，此二者又同时包含于 G51、G50 之中。在执行比例缩放指令时，旋转中心坐标也执行比例操作，但旋转角度不受影响。它们之间的关系如下：

G51…；
G68…；
G41/G42…；
G40…；
G69…；
G50…；

4.2.6　调用子程序功能

实际加工中，当一次装夹几个相同的工件、同一个工件中有几处相同的轮廓或重复加工部分，此时则存在一定数量的重复程序段，将这些刀具运动轨迹完全相同的程序段按照固定

格式单独抽出编成“子程序”，存入 CNC 系统内，需要时在主程序中用一个指令调用，这样可大大简化编程。

不同数控系统所用的格式和指令不同，FUNUC 0i 系统的子程序调用格式为：

0××××；　　　　主程序号

……

M98 P××××　××××；　　　　调用子程序

调用次数　子程序号

……

M30；

0××××；　　　　子程序号

……

M99；　　　　子程序结束指令

其中：M98 为子程序调用指令，P 后前 4 位为重复调用次数，省略时为 1 次，后 4 位为调用的子程序号。子程序单列一个独立的程序，程序号格式和主程序相同，不同之处在于子程序结尾用 M99 指令结束并返回主程序。当需调用子程序多次，每次子程序运行结束执行 M99 时，返回到该子程序的开头；全部调用次数结束执行 M99 指令时，返回到主程序中调用子程序段后面的程序段。若想返回到主程序的任意程序段中可由字母 P 指定程序段号；若主程序结束采用 M99，则返回到主程序的开头重新运行。

使用子程序应注意下面三个问题。

(1) 子程序调用多次时，每次子程序运行结束时要注意刀具的 Z 向位置；子程序运行结束，返回到主程序时，也要注意刀具的 Z 向位置，以免发生碰撞现象。

(2) 注意及时切换 G90、G91。用 G91 指令编制子程序常使编程大为简化，但每次运行子程序时，子程序 G90、G91 之间的切换和子程序结束返回到主程序时，主、子程序之间和子程序 G90、G91 之间的切换会常出问题。

(3) 当主程序在刀补状态下调用子程序时，若子程序中连续两个程序段以上出现非移动指令或非刀补平面轴运动指令，会出现过切。

例 4.9　铣削图 4.27 所示表面，采用 $\phi16$ 立铣刀，切深为3 mm，每次走刀用铣刀 70% 的直径切削。

程序如下：

O0001；

N10 G54 G17 G49 G90；

N20 S800 M03；

N30 G00 X－60 Y－28；

N40 G43 Z2 H01；

N50 G01 Z－3 F100；

N60 M98 P30002；

N70 G90 G49 G00 Z120；

N80 M05；

N90 M30；

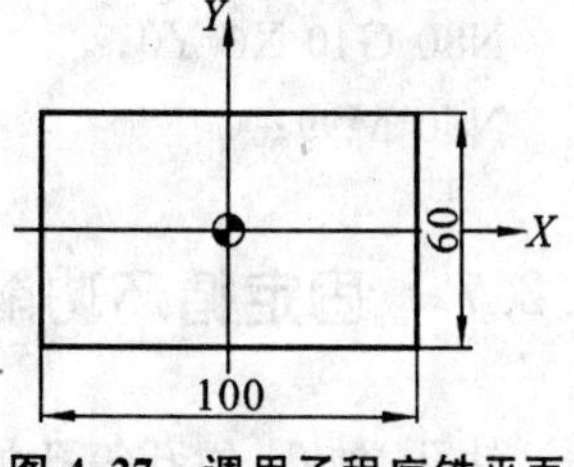

图 4.27　调用子程序铣平面

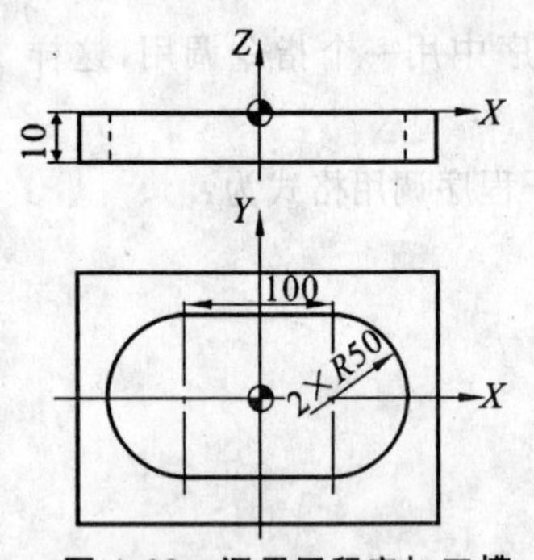

图 4.28　调用子程序加工槽

O0002；

N10 G91 G01 X120；

N20 Y11；

N30 X－120；

N40 Y11；

N50 M99；

例 4.10　如图 4.28 所示，零件内通槽已粗加工完毕，槽深 10 mm，现需要进行精加工，每次下刀 4 mm。

采用调用子程序的方法编写程序，其程序如下：

```
O0001；
N10 G54 G90 G49 G40；              绝对坐标编程、指定加工坐标系、安全指令
N20 G00 X0 Y0 S1200 M03；          快速定位、指定主轴转速
N30 G43 Z1 H06 M08；               长度补偿、加注切削液
N40 M98 P30002 ；                  调用 2 号子程序 3 次
N50 G90 G00 G49 Z100；             抬刀、取消长度补偿
N60 M30；                          主程序结束
O0002；
N10 G91 G00 Z－4；                 刀具每次下降 4 mm
N20 M98 P10003；                   调用 3 号子程序 1 次
N30 M99；                          子程序结束
O0003；
N10 G90 G01 G41 X0 Y20 D06 F60；   刀具半径左补偿
N20 G03 Y50 R15；                  走圆弧进刀
N30 G01 X－50；
N40 G03 Y－50 I0 J－50；
N50 G01 X50；
N60 G03 Y50 I0 J50；
N70 G01 X－2；                     以上为加工整个内轮廓的过程
N80 G40 X0 Y0；                    取消刀补
N90 M99；                          子程序结束
```

4.2.7　固定循环功能

钻孔、锪孔、镗孔等孔加工需有快速接近工件、以进给速度加工孔、孔加工后退回等几个固定加工动作。现已将这些相同的加工顺序动作编制成子程序存入 CNC 系统中，分别用不同的固定循环功能指令调用。使用固定循环功能指令可以大大简化编程。

1. 固定循环的动作组成

不同的固定循环功能其动作过程不同，全部的固定循环功能由以下 6 个动作组成，如图

4.29 所示。

(1) 动作 1:X、Y 轴定位,刀具快速移动到孔加工位置,即初始点或初始平面位置。

(2) 动作 2:刀具快进到 R 参考点或 R 参考面位置。

(3) 动作 3:刀具以切削进给方式进行孔加工。

(4) 动作 4:孔底动作,包括暂停、主轴准停、刀具移动等动作。

(5) 动作 5:返回到 R 点,准备下一步孔的加工。

(6) 动作 6:快速返回到初始点。孔加工完毕后一般返回到初始点。

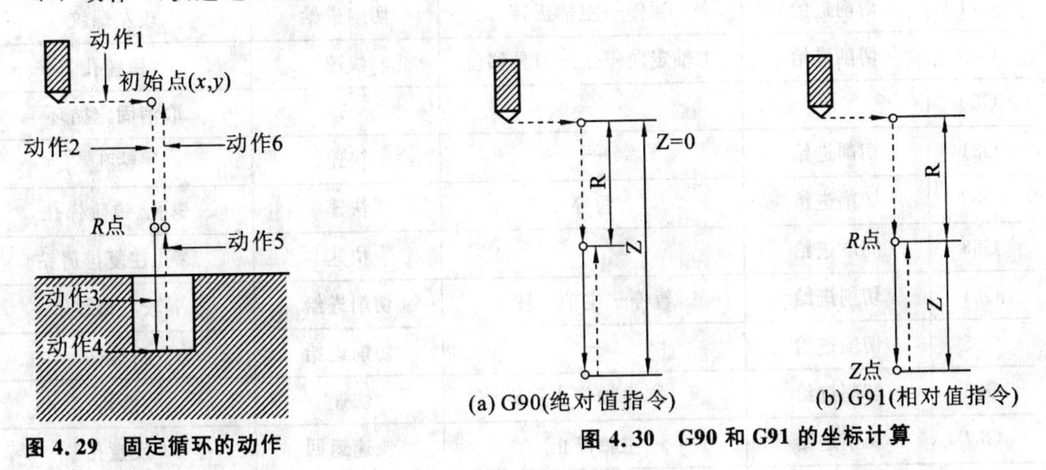

图 4.29　固定循环的动作

图 4.30　G90 和 G91 的坐标计算

2. 固定循环的指令代码

(1) 绝对坐标与增量坐标的指令代码 G90、G91。

固定循环指令中的地址 R、Z 与 G90、G91 的选择有关。如图 4.30 所示,在 G90 方式下,R 与 Z 皆指工件坐标系中的绝对坐标;在 G91 方式下,R 是指从初始点到 R 点的增量坐标,为负值,Z 是指从 R 点到孔底的增量坐标,亦为负值。

(2) 返回点指令代码 G98、G99。

G98 指令和 G99 指令分别指定刀具返回时到达不同的平面位置。G98 指定刀具返回到初始点或初始平面位置,G99 指定刀具返回到 R 点或 R 参考平面位置,该点距工件表面有一定的安全距离,一般取 2～5 mm,如图 4.31 所示。

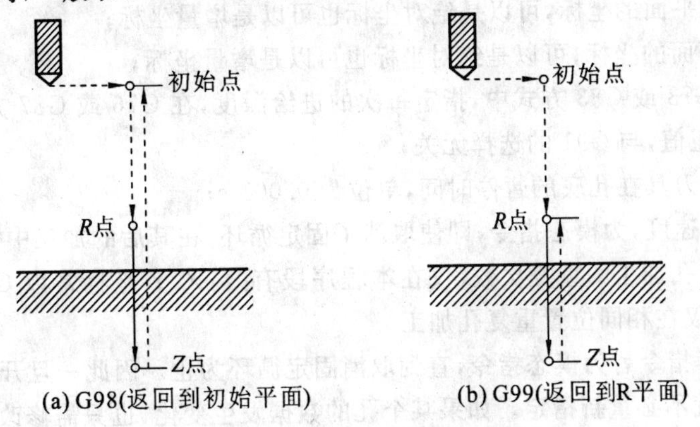

(a) G98(返回到初始平面)　(b) G99(返回到R平面)

图 4.31　G98 和 G99 的用法

（3）固定循环方式的指令代码 G73～G89。

固定循环方式的指令代码如表 4.3 所示。

表 4.3　固定循环功能

G 代码	孔加工动作（－Z 方向）	在孔底的动作	刀具返回方式（＋Z 方向）	用　途
G73	间歇进给	—	快速	高速深孔往复排屑钻
G74	切削进给	暂停—主轴正转	切削进给	攻左螺纹
G76	切削进给	主轴定向停止—刀具移位	快速	精镗孔
G80	—	—	—	取消固定循环
G81	切削进给	—	快速	钻孔
G82	切削进给	暂停	快速	锪孔、镗阶梯孔
G83	间歇进给	—	快速	深孔往复排屑钻
G84	切削进给	暂停—主轴反转	切削进给	攻右螺纹
G85	切削进给	—	切削进给	精镗孔
G86	切削进给	主轴停止	快速	镗孔
G87	切削进给	主轴停止	快速返回	反镗孔
G88	切削进给	暂停—主轴停止	手动操作	镗孔
G89	切削进给	暂停	切削进给	精镗阶梯孔

3. 固定循环功能的使用格式

指令格式：

$\begin{Bmatrix} G90 \\ G91 \end{Bmatrix} \begin{Bmatrix} G98 \\ G99 \end{Bmatrix}$ G73～G89 X_ Y_ Z_ R_ Q_ P_ F_ K_；

其中：X_ Y_——孔中心的坐标；孔加工只能定位在 *XY* 平面内，与平面选择坐标指令（G17、G18、G19）无关；孔的中心坐标可以是绝对坐标也可以是增量坐标；

Z_——孔底平面的坐标，可以是绝对坐标也可以是增量坐标；

R_——R 平面的坐标，可以是绝对坐标也可以是增量坐标；

Q_——在 G73 或 G83 方式中，指定每次的进给深度，在 G76 或 G87 方式中，指定位移量；Q 值一律取正值，与 G91 的选择无关；

P_——指定刀具在孔底的暂停时间，单位为 0.001 s；

F_——进给速度，为模态指令，即使取消了固定循环，在其后的加工中仍然有效；

K_——指定孔加工的重复次数，仅在本程序段有效；*X*、*Y* 坐标常以 G91 方式指定，当用 G90 方式时，仅在相同位置重复孔加工。

Z、R、Q、P 等指令皆为模态指令，直到取消固定循环为止。因此一旦开始指定了这些指令，后续加工中就不必重新指定。如果某个孔的数据发生变化，也只需修改个别数据。

取消固定循环功能用 G80 指令，或者程序中一旦出现 G01、G02、G03 中的任何一个指

令，固定循环功能也会自动取消。

4. 固定循环功能指令 G73～G89

(1) 钻孔循环指令 G81。

指令格式：

G81 X_ Y _ Z_ R_ F_;

如图 4.32 所示，刀具以进给速度切削至孔底，然后快速返回，用于一般孔的加工。

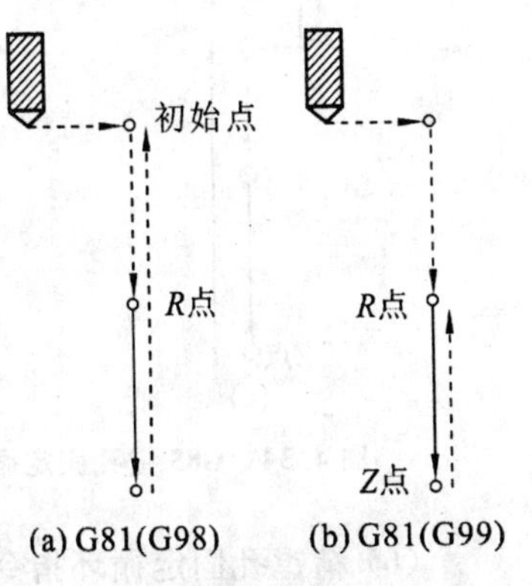

图 4.32　钻孔循环指令 G81

(2) 锪孔循环指令 G82。

指令格式：

G82 X_ Y _ Z_ R_ P_ F_;

G82 指令与 G81 指令的不同之处在于，在孔底增加了暂停时间，此时主轴并不停转，因而适于锪孔或镗阶梯孔。

(3) 深孔往复排屑钻孔循环指令 G83。

指令格式：

G83 X_ Y _ Z_ R_ Q_ F_;

如图 4.33(a)所示，Q 为每次进刀的加工深度；d 为每次进刀时由快速进给转为工进的点至前次切削最低点之间的距离，由系统参数设定。该循环用于深孔加工，每次刀具间歇进给后，快速返回到 R 点，利于深孔加工的排屑。

(4) 高速深孔往复排屑钻孔循环指令 G73。

指令格式：

G73 X_ Y _Z_ R_ Q_ F_;

如图 4.33(b)所示，Q 同图 4.33(a)，d 为每次进刀的退刀量，由系统参数设定。刀具多次进刀，也是为便于排屑、断屑。与 G83 不同之处在于，每次进刀的退刀量不同。

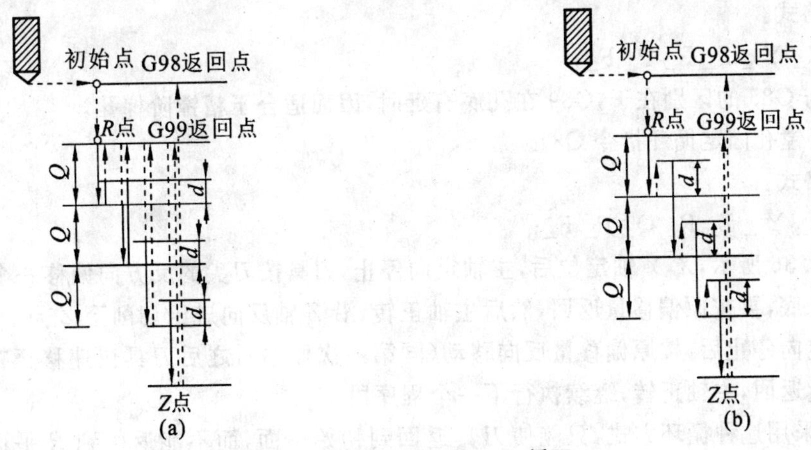

图 4.33　G83 循环和 G73 循环

(5) 精镗孔固定循环指令 G85。

指令格式：

G85 X_ Y _ Z_ R_ F_;

如图 4.34 所示，主轴正转，刀具以进给速度向下镗孔，到达孔底后，立即以进给速度退出，无孔底动作。

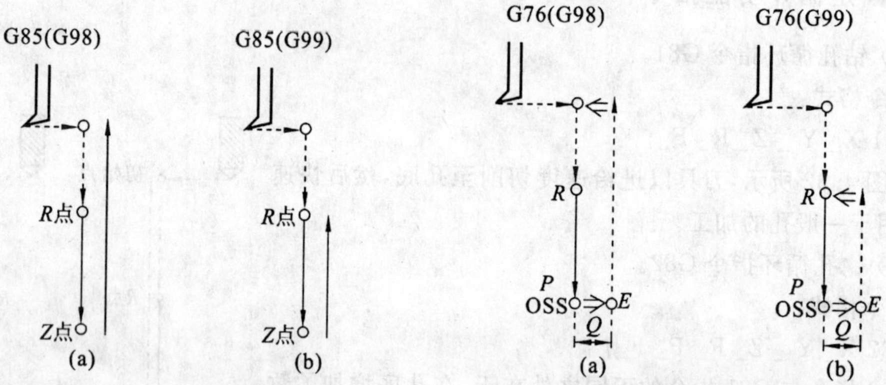

图 4.34　G85 镗孔固定循环指令

图 4.35　G76 精镗孔固定循环指令

(6) 精镗孔固定循环指令 G76。

指令格式：

G76 X_ Y_ Z_ R_ Q_ P_ F_；

如图 4.35 所示，P 表示在孔底有暂停，OSS 表示主轴定向准停，Q 表示刀具偏移孔中心位置一个偏移量，以免刀具快速返回时划伤已加工表面。该指令适于镗削精密孔。

(7) 快退式镗孔固定循环指令 G86。

指令格式：

G86 X_ Y _ Z_ R_ F_；

G86 与 G85 的区别在于，G86 指令是刀具到孔底后，主轴停转并快速退出，返回到 R 平面或初始平面后主轴再重新启动。

(8) 精镗阶梯孔固定循环指令 G89。

指令格式：

G89 X_ Y_ Z_ R_ P_ F_；

G89 与 G85 的区别在于，G89 在孔底有延时，因而适合于精镗阶梯孔。

(9) 反镗孔固定循环指令 G87。

指令格式：

G87 X_ Y _ Z_ R_ Q_ P_ F_；

如图 4.36 所示，*X*、*Y* 轴定位后，主轴定向停止，刀具按刀尖的反方向偏移一个 *Q* 值，并快速到达孔底，再按原偏移量返回，然后主轴正转，沿 *Z* 轴反向进给切削至 *Z* 点。在此位置主轴再次定向停止后，按原偏移量反向移动(同第一次偏移)，之后刀具快速移至初始平面，按原偏移量返回，主轴正转，继续执行下一个程序段。

注意：采用这种循环方式，只能使刀具返回到初始平面，而不能返回到 *R* 平面，因为 *R* 平面低于 *Z* 平面。

(10) 镗孔固定循环指令 G88。

指令格式：

G88 X_ Y _ Z_ R_ P_ F_；

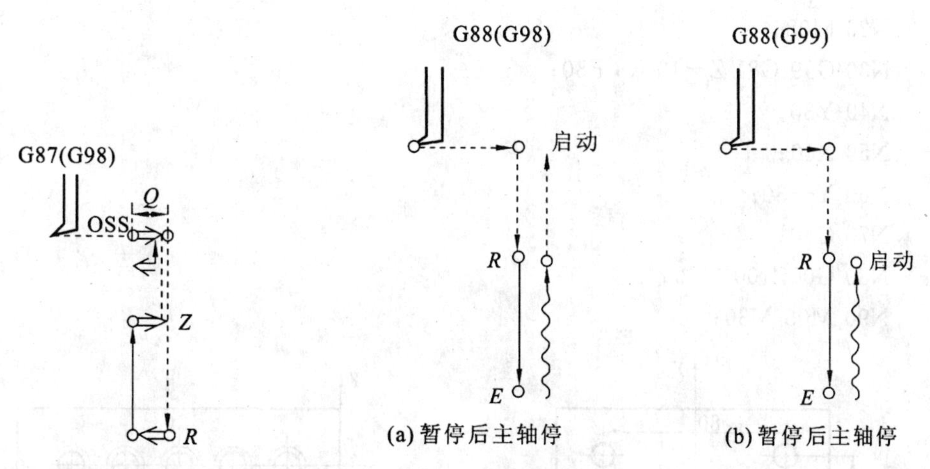

图 4.36　反镗孔循环指令 G87　　**图 4.37　镗孔循环指令 G88**

如图 4.37 所示，刀具到达孔底后，主轴停转延时，系统进入进给保持状态，此时可执行手动操作。为安全起见，应先把刀具从孔中退出。手动操作后，再转到自动方式，按循环启动键，刀具快速返回到 R 点或初始点，然后主轴正转。

(11) 攻螺纹固定循环指令 G84(右旋螺纹)、G74(左旋螺纹)。

指令格式：

G84(G74) X_ Y _ Z_ R_ F_;

攻右螺纹时，主轴正转，结束时主轴反向以进给速度退出，攻左螺纹时正好相反。因螺纹有一个定值导程，编程时要根据主轴转速计算进给速度。攻螺纹时，进给倍率开关无效且不能停车，即使按下进给保持按钮，加工也不停止，直至完成该固定循环。图 4.38 所示为攻右螺纹图。

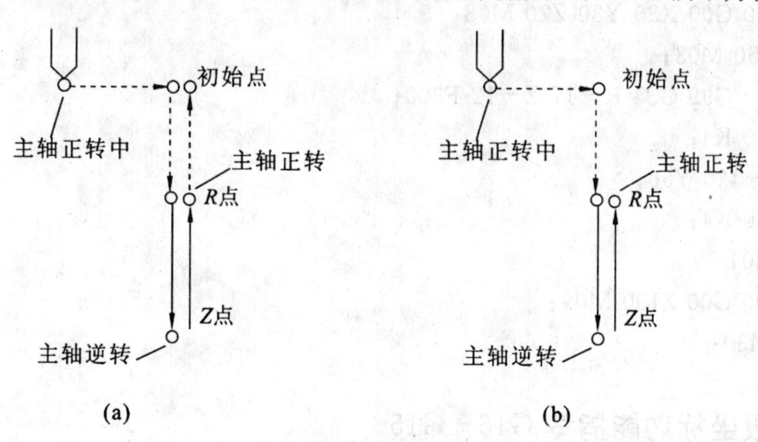

图 4.38　攻右螺纹循环指令 G84

例 4.11　要求对图 4.39 中的孔用 G81 指令加工。

用绝对坐标编程，其程序如下：

O0001;

N10 G90 G54 G80;

N20 G00 X－40 Y－30 Z20 S800 M03;

```
N25 M08;
N30 G99 G81 Z-10 R3 F80;
N40 Y30;
N50 X40;
N60 Y-30;
N70 G80;
N80 G00Z100 M09;
N90 M05 M30;
```

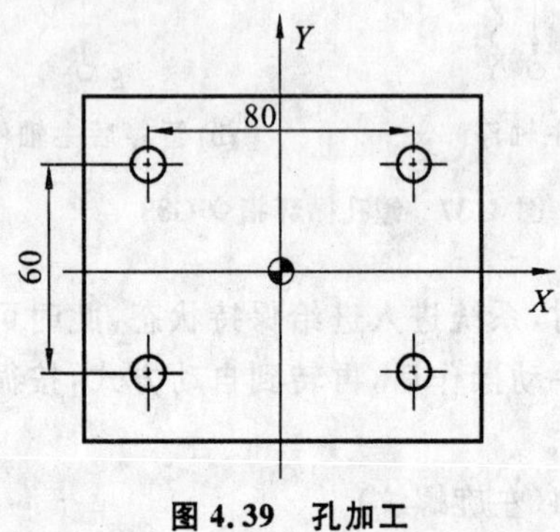

图 4.39　孔加工

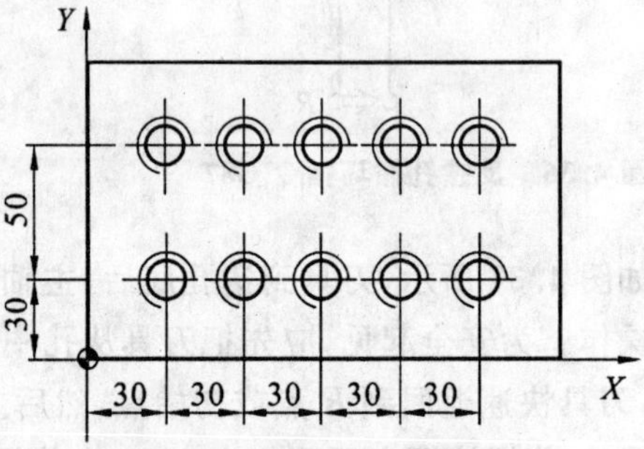

图 4.40　螺纹加工

例 4.12　对图 4.40 中的导程为 2 mm 的八个右旋螺纹用 G84 指令加工。

用增量坐标编程，其程序如下：

```
O0002;
N10 G54 G80;
N20 G90 G00 X30 Y30 Z20 M08;
N30 S150 M03;
N40 G91 G99 G84 R-17 Z-12 F300;
N50 X30 K4;
N60 X-120 Y50;
N70 X30 K4;
N80 G80;
N90 G90 G00 Z100 M09;
N100 M30;
```

4.2.8　极坐标功能指令 G16、G15

前面介绍了孔加工的固定循环功能指令。有些孔是以某一点为中心分布的，这时采用极坐标编程极为方便。

指令格式：

$$G16\begin{Bmatrix}G17\\G18\\G19\end{Bmatrix}\begin{Bmatrix}X\_\ Y\_\\Z\_\ X\_\\Y\_\ Z\_\end{Bmatrix};$$

G16 为建立极坐标系指令，第一轴 X_、Z_、Y_为极径，第二轴 Y_、X_、Z_为极角，角度的方向按逆时针转动为正、顺时针转动为负。加工完毕后用 G15 指令取消极坐标系。

其中的极径和极角均可用 G90 和 G91 方式编程。如图 4.41 所示，用 G90 方式指定半径，设定工件坐标系原点为极坐标系原点。当角度用 G90 方式编程时，极角是指指令位置和原点连线与水平轴正向间的夹角；当角度用 G91 方式编程时，极角是指指令位置和原点连线与当前位置和原点连线之间的夹角。如图 4.42 所示，用 G91 方式指定半径，设定当前位置为极坐标原点。当角度用 G90 方式编程时，极角是指指令位置和极坐标原点连线与水平轴正向间的夹角；当角度用 G91 方式编程时，极角是指指令位置和当前位置连线与当前位置和原工件坐标系原点连线之间的夹角。

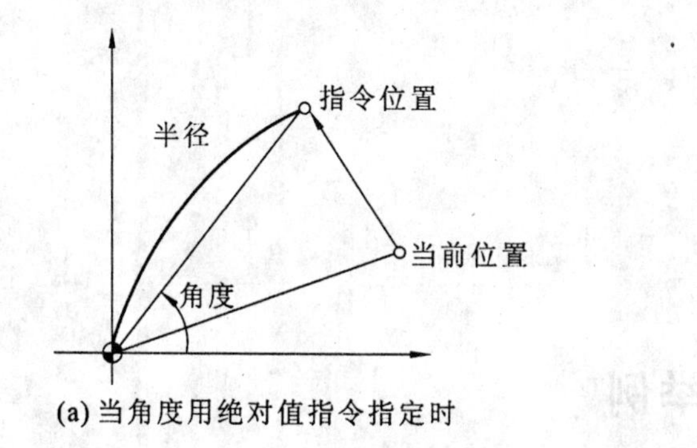

(a) 当角度用绝对值指令指定时

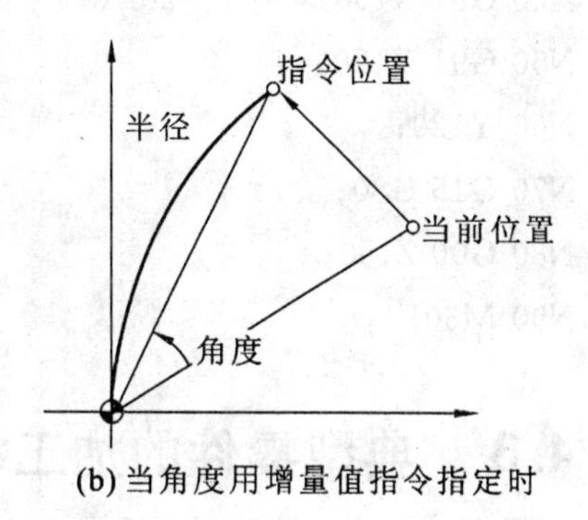

(b) 当角度用增量值指令指定时

图 4.41　设定工件坐标系原点为极坐标系原点

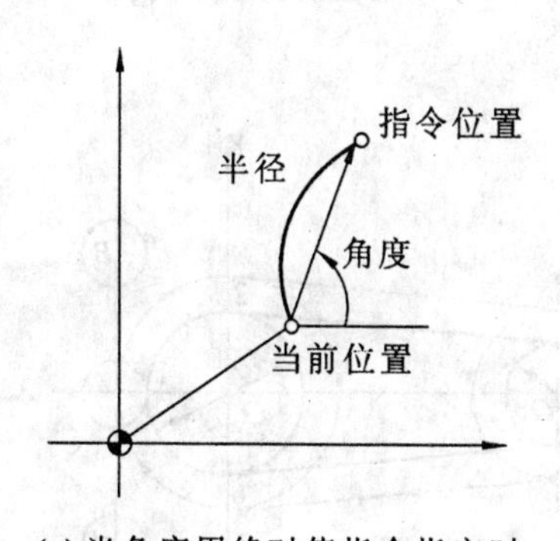

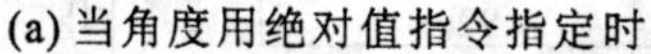

(a) 当角度用绝对值指令指定时

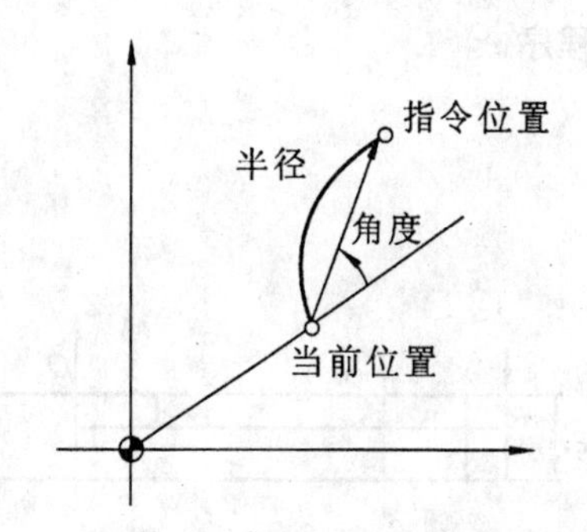

(b) 当角度用增量值指令指定时

图 4.42　设定当前位置为极坐标系原点

例 4.13　如图 4.43 所示，使用极坐标编程钻削图中三个螺栓孔。

使用 G90 方式编程，其程序如下：

```
O0001 ;
N10 G15;
N20 G17 G90 G16;
N30 S500 M03;
N40 G81 X100 Y30 Z－20 R5 F50;
N50 Y150;
N60 Y270;
```

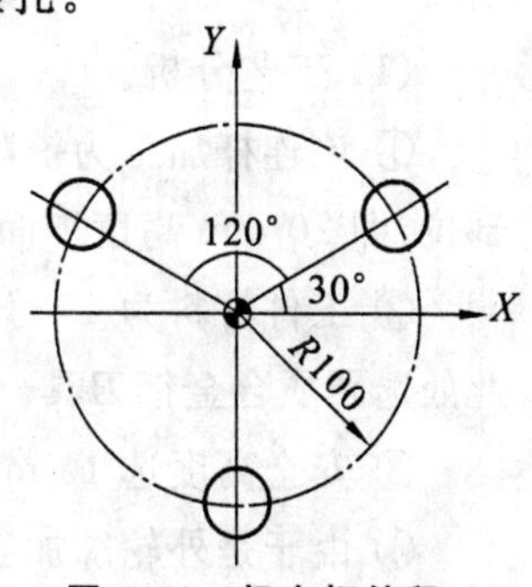

图 4.43　极坐标编程

```
N70 G15 G80;
N80 G00 Z150;
N90 M30;
```

使用 G91 方式编程，其程序如下：

```
O0002 ;
N10 G15;
N20 G17 G90 G16;
N30 S500 M03;
N40 G81 X100 Y30 Z－20 R5 F80;
N50 G91 Y120;
N60 Y120;
N70 G15 G80;
N80 G00 Z150;
N90 M30;
```

4.3 典型零件的加工举例

例 4.14 连杆零件如图 4.44 所示，材料为 45 号钢，要求对该连杆进行精铣，试编写其加工程序。

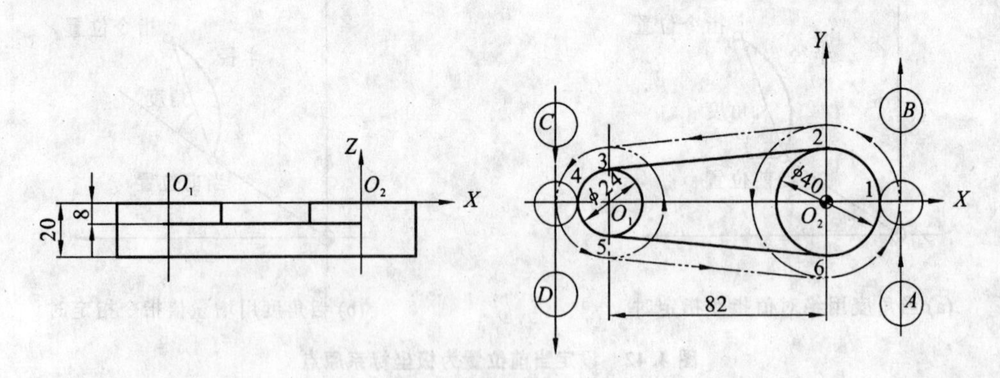

图 4.44 连杆零件图

(1) 工艺分析。

① 该连杆加工为铣削外轮廓加工，铣削前毛坯为一长方块，定位和装夹面可选未加工部位，即 20 mm 高度下面的两侧面，用机用平口钳装夹即可。

② 工件材料为 45 号钢，切削刀具可选 $\phi16$ 立铣刀，刀具材料为高速钢或硬质合金钢。此处选硬质合金钢刀具。

③ 安全高度选 10 mm。

④ 由于是外轮廓加工，故可直线进刀、直线退刀。

(2) 加工路线。

采用半径补偿功能，由 A 点进刀逆时针加工大圆，B 点退刀；由 C 点进刀逆时针加工小圆，D 点退刀；最后由 A 点进刀，经 $A \to 1 \to 2 \to 3 \to 4 \to 5 \to 6 \to 1 \to B$，由 B 点退刀加工整个轮廓。

(3) 数值计算。

轮廓特征点的坐标可通过几何知识及解方程求解；对于难以计算的点，可以通过CAD绘图，查询点坐标的方法解决；轮廓各处尺寸采用中值计算法：对轮廓各处尺寸在用同一把铣刀、同一个刀具半径补偿值编程加工时，由于公差带不同，就很难同时保证各处尺寸在尺寸公差范围内，这时可兼顾各处尺寸公差，在编程计算时，改变轮廓尺寸并移动公差带，将尺寸公差改为对称公差，如尺寸 $10^{+0.03}_{-0.01}$ 可转化为 $100.01^{+0.02}_{-0.02}$，在程序中输入 100.01 即可。

该轮廓的特征点的坐标如下。

两圆心：　O_1 点 $X=-82, Y=0$

　　　　　O_2 点 $X=0, Y=0$

两特殊位置点：　1 点 $X=20, Y=0$

　　　　　4 点 $X=-94, Y=0$

四个基点：　2 点 $X=-1.951, Y=19.905$

　　　　　3 点 $X=83.165, Y=11.943$

　　　　　5 点 $X=-83.165, Y=-11.943$

　　　　　6 点 $X=-1.951, Y=-19.905$

(4) 切削用量的选取。

切削用量的选取与工件和刀具的材料、加工质量、粗精加工等因素有关。这里由于选择硬质合金刀具，故主轴转速和进给速度均可相应增大；由于是精加工，进给速度可适当减小。最终取 S=1200，F=100。

(5) 数控加工程序。

数控加工程序如下：

```
O0001;
N10 G54 G90 G40 G49 G17;       绝对方式编程、指定坐标系、加工平面、安全指令
N20 G00 X35 Y-40;              快速定位
N30 G43 Z10 H01;               长度补偿控制精度
N40 S1200 M03;                 指定主轴转速
N50 G01 Z-8 F300;              刀具下至所需高度
N60 G41 X20 Y-5 D01;           半径补偿控制精度
N70 Y0 F100 M08;               切线切入、加注切削液
N80 G03 I-20 J0;               切削大圆
N90 G01 Y5;                    切线切出
N100 G40 X35 Y40;              取消半径补偿
N110 G00 Z10;                  抬刀
```

N120 X－105 Y35；	快速定位
N130 G01 Z－8 F300；	刀具下至所需高度
N140 G41 X－94 Y5 D01；	半径补偿控制精度
N150 G01 Y0；	切线切入
N160 G03 I12 J0 F100；	切削小圆
N170 G01 Y－5；	切线切出
N180 G40 X－35 Y－35；	取消半径补偿
N190 G00 Z10；	抬刀
N200 X35 Y－40；	快速定位
N210 G01 Z－21 F300；	刀具下至所需高度
N220 G41 Y5 X20；	半径补偿控制精度
N230 Y0；	切线切入
N240 G03 X－1.951 Y19.905 R20 F100；	
N250 G01 X－83.165 Y11.943；	
N260 G03 X－83.165 Y－11.943 R12；	
N270 G01 X－1.951 Y－19.905；	
N280 G03 X20 Y0 R20；	
N290 G01 Y5；	切线切出。以上为切削连杆外轮廓的过程
N300 G00 G40 X35 Y40 M09；	取消半径补偿、切削液停
N310 G49 Z150；	取消长度补偿
N320 M30；	程序结束

(6) 程序的输入和检验。

程序的输入可分为手动输入和通信传输两种方式。手动输入用于手工编写的短小程序，通信传输主要用于自动编程生成的大程序。本程序采用手动输入即可。

程序检验首先检查输入的代码数据等是否有错，再检查刀具半径、长度补偿的地址号和所输数据，必要时可重新计算程序中的数据值，最后可用模拟显示功能检验程序的正误，或可用首件试切法检验。

例 4.15 如图 4.45 所示铸件，要求加工其内表面。试编写其加工程序。

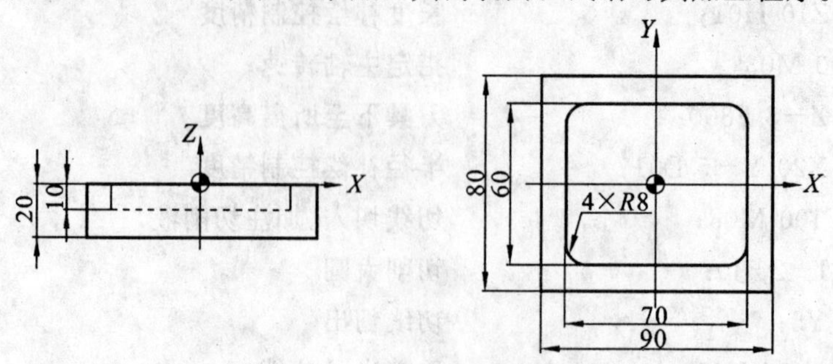

图 4.45 加工内轮廓零件

(1) 工艺分析。

① 根据图中标注,长、宽方向的设计基准分别是其对称中心面,故工件原点选在图示位置。

② 先在中心位置钻一工艺孔,以便立铣刀下刀。

③ 若内轮廓面积较大,可先用直径较大的立铣刀粗铣,再用直径较小的立铣刀精铣。此处直接用 $\phi10$ 的硬质合金立铣刀进行粗、精铣。

④ 分两次下刀,每次下刀深度为 5 mm。

⑤ 用半径补偿和长度补偿控制轮廓和深度的精度,粗加工分别留 0.5 mm 的余量。

⑥ 此处是针对内轮廓的加工,用走圆弧的方式进刀,加工路线如图 4.46 和图 4.47 所示。

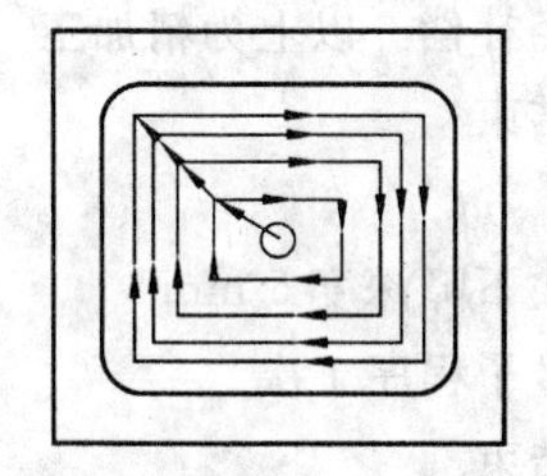

图 4.46　粗加工刀具路线

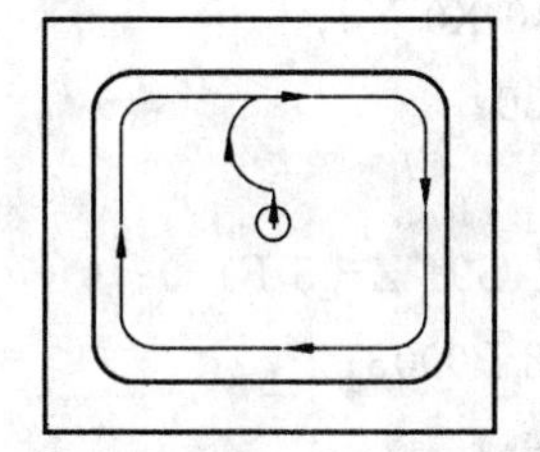

图 4.47　精加工刀具路线

(2) 切削用量的选择。

粗、精加工分别用不同的 S、F。

粗加工 S 取 500 r/min,F 取 100 mm/min。

精加工 S 取 1000 r/min,F 取 60 mm/min。

(3) 加工程序。

加工程序如下:

```
O0001;
N10 G54 G90 G49 G40;          绝对方式编程、指定坐标系、安全指令
N20 G00 X0 Y0;                快速定位
N30 G43 Z5 H01;               长度补偿
N40 S500 M03;                 指定主轴转速
N50 G01 Z0 F30;               刀具工进下至上表面
N60 M98 P20002;               调用 2 号子程序 2 次
N70 G49 G90 G00 Z50;          抬刀、取消长度补偿。以上为粗加工
N80 M00;                      程序暂停,可测量槽深度和轮廓尺寸
N90 S1000 M03;                重新指定主轴转速
N100 G90 G00 G43 Z5 H01;      根据已测深度尺寸修改长度补偿值
N110 G01 Z-10 F60;            刀具下至所需深度
N120 M98 P0003;               调用 3 号子程序 1 次
N130 G90 G01 Y10 D01;         根据已测轮廓尺寸修改半径补偿值
N140 G02 Y30 R10;             走圆弧进刀、切凹槽内轮廓
```

```
N150 G01 X27;
N160 G02 X35 Y22 R8;
N170 G01 Y-22;
N180 G02 X27 Y-30 R8;
N190 G01 X-27;
N200 G02 X-35 Y-22 R8;
N210 G01 Y22;
N220 G02 X-27 Y30 R8;
N230 G01 X2;
N240 G49 G00 Z100;              抬刀、取消长度补偿
N250 G40 X0 Y0;                 取消半径补偿。以上为精加工
N260 M30;                       主程序结束
O0002;
N10 G01 G91 Z-5 F100;           刀具每次下降深度 5 mm
N20 M98 P0003;                  调用 3 号子程序 1 次
N30 M99;                        子程序结束
O0003;
N10 G01 G90 X-20 Y7.5;          第一圈加工开始
N20 X20;
N30 Y-7.5;
N40 X-20;
N50 Y7.5;                       第一圈加工结束
N60 X-25 Y15;                   第二圈加工开始
N70 X 25;
N80 Y-15;
N90 X-25;
N100 Y15;                       第二圈加工结束
N110 X-30 Y22.5;                第三圈加工开始
N120 X30;
N130 Y-22.5;
N140 X-30;
N150 Y22.5;                     第三圈加工结束
N160 X-34.5 Y29.5;              留 0.5 mm 余量。第四圈加工开始
N170 X34.5;
N180 Y-29.5;
N190 X-34.5;
N200 Y29.5;                     第四圈加工结束
N210 X0 Y0;                     回到中心
```

N220 M99;　　　　　　　　　　　　子程序结束

例 4.16　如图 4.48 所示为某模具零件，其加工表面为曲面，工件材料为 T10A，试编写其加工程序。

(1) 工艺分析。

① 该零件左右两半部分的设计基准为其对称中心面，故工件坐标系原点也选在如图 4.48 所示位置上，并选用零件的两侧面作定位夹紧面。

② 对于空间曲面的加工，只能采用球头刀。此处采用 $\phi16$ 硬质合金球头刀，每次走刀间隔 0.3 mm。

(2) 加工路线的确定。

走刀路线如图 4.49 所示，这里应特别注意：① 坐标平面的选择是 G18 而不是 G17；② 刀补的选择 G41、G42 及 G02、G03 的选择是通过从 Y 轴的正向往负向看来判断的。

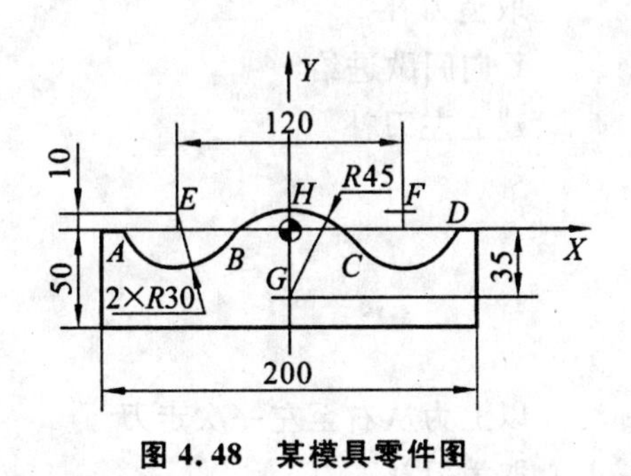

图 4.48　某模具零件图

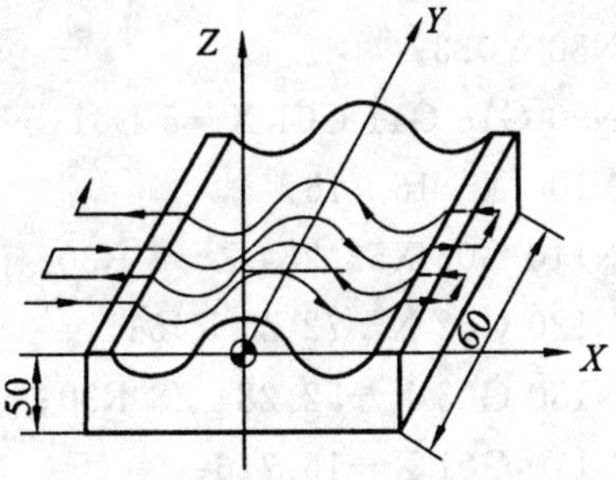

图 4.49　进给路线图

(3) 数值计算。

各点坐标为

A：	$X=-88.284$	$Z=0$	B：	$X=-36$	$Z=-8$
C：	$X=36$	$Z=-8$	D：	$X=88.284$	$Z=0$
E：	$X=-60$	$Z=10$	F：	$X=60$	$Z=10$
G：	$X=0$	$Z=-35$	H：	$X=0$	$Z=10$

(4) 切削用量的选择。

取 S=800，F=100。

(5) 加工程序。

加工程序如下：

```
O0002;
N10 G54 G90 G00 X-110 Y0;          快速定位
N20 G43 Z20 H01 M08;               长度补偿、加注切削液
N30 S800 M03;                      指定主轴转速
N40 M98 P50003;                    调用 3 号子程序 5 次
N50 G90 G00 G49 Z150;              取消长度补偿、抬刀
N60 M30;                           主程序结束
```

```
O0003;
N10 G91 G01 Z-4 F100;                刀具每次下降深度 4 mm
N20 M98 P2000004;                    调用 4 号子程序 200 次
N30 G90 G00 X-110 Y0;                快速定位至原始位置
N40 M99;                             子程序结束
O0004;
N10 G18 G91 G42 G01 X5 D01;          建立右刀补
N20 G01 X16.716;
N30 G02 X52.284 Z-8 R30;
N40 G03 X72 Z0 R45;
N50 G02 X52.284 Z8 R30;
N60 G01 X16.716;                     以上为从左至右一次走刀
N70 G40 X5;                          取消刀补
N80 Y0.3;                            Y 向间歇进给
N90 G18 G41 G01 X-5 D01;             建立左刀补
N100 X-16.716;
N110 G03 X52.284 Z-8 R30;
N120 G02 X-72 Z0 R45;
N130 G03 X-52.284 Z8 R30;
N140 G01 X-16.716;                   以上为从右至左一次走刀
N150 G40 X-5;                        取消刀补
N160 Y0.3;                           Y 向间歇进给
N170 M99;                            子程序结束
```

思考与练习题

4-1　什么是机床坐标系和工件坐标系？它们有何区别？

4-2　什么是顺铣和逆铣？分别对应于何种刀补？数控铣削一般采用哪种方式？

4-3　何谓安全高度？一般取值多少？

4-4　如何利用刀具补偿控制零件的加工精度？

4-5　什么是子程序？有何作用？

4-6　固定循环指令中，G81 和 G82 有何区别？G73 和 G83 有何区别？G74 和 G84 有何区别？

4-7　编制题 4-7 图所示零件中 2 mm 凸台的数控粗、精加工程序，工件材料 HT200，选用直径 ϕ10 的刀具。

4-8　加工题 4-8 图中分布在同一圆周上的六个均布孔，孔深为 15 mm，工件材料为 45 号钢，试编写其加工程序。

4-9　如题 4-9 图所示零件，其余表面均已加工，要求完成铣削大孔及钻四个小孔的加工，毛坯材料为 A3，试编写其加工程序。

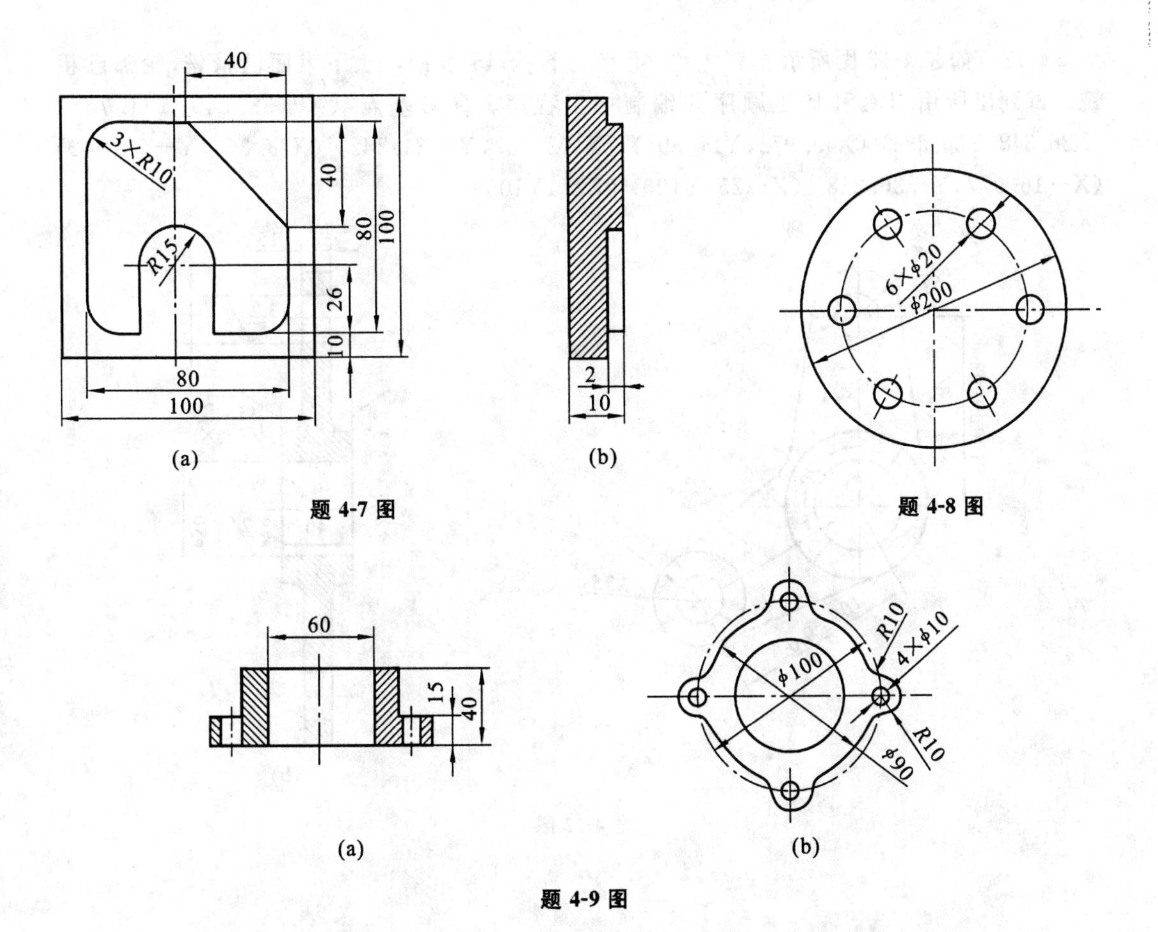

题 4-7 图

题 4-8 图

题 4-9 图

4-10　如题 4-10 图所示凸模零件，材料为 Cr12，要求铣削其外轮廓表面及内孔，试编写其加工程序。

4-11　如题 4-11 图所示凹模零件，材料为 Cr12，要求铣削其内轮廓表面及内孔，试编写其加工程序。

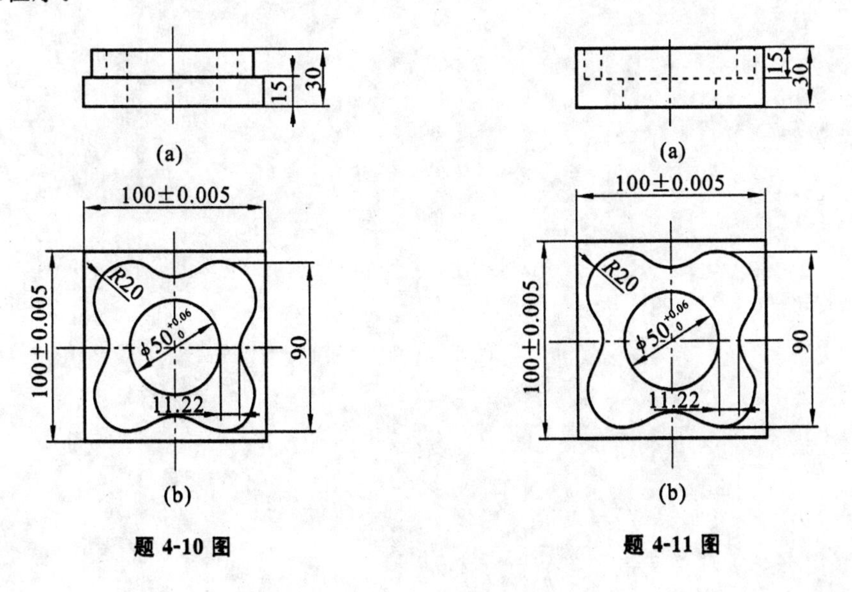

题 4-10 图　　　　题 4-11 图

4-12　如题4-12图所示拐臂零件，毛坯材料为45号钢，上、下表面已精铣，轮廓已粗铣。试列出所用刀具和加工顺序并编制加工程序。参考基点：(X－38.240，Y11.736)(X36.348，Y30.236)(X45.972，Y14.398)(X102.857，Y－31.142)(X78.352，Y－73.642)(X－16.977，Y－36.218)(X－25，Y100)(X25，Y100)

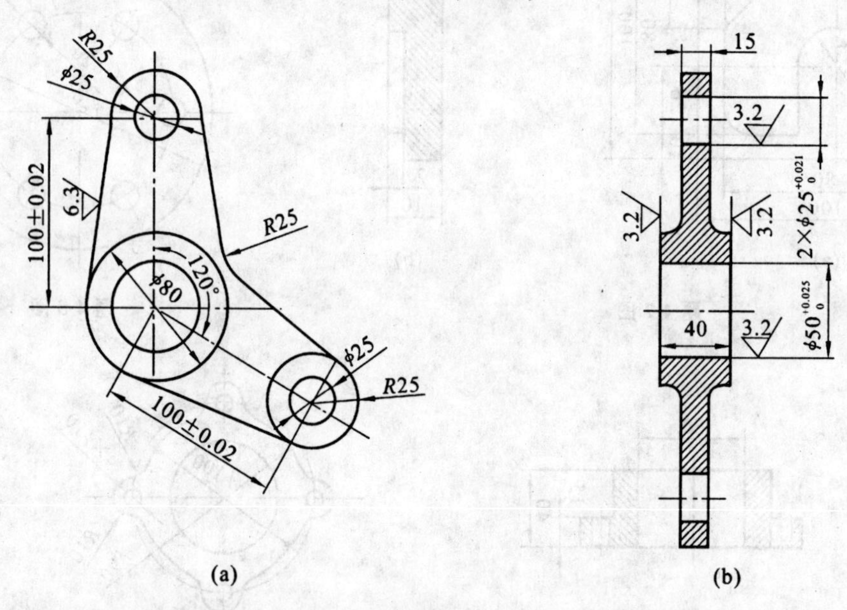

题4-12图

第5章 加工中心的编程与工艺

5.1 加工中心简介

加工中心是在镗铣类数控机床的基础上发展起来的一种功能较全、加工精度较高的加工装备,增加了刀库和自动换刀装置。它把铣削、镗削、钻削、螺纹加工等功能集中在一台设备上,通常一次装夹可以完成多个加工要素的加工。加工中心配置有容量几十甚至上百把刀具的刀库,通过PLC程序控制,在加工中实现刀具的自动更换和加工要素的自动测量。加工中心适宜加工形状复杂、精度要求高的单件或中小批量多品种生产。但利用加工中心加工,工序高度集中也带来一些问题,如粗加工完成后直接进入精加工阶段,中间没有应力释放期和温度下降期,应力和温度会引起零件最终加工后变形,使零件丧失精度,这一点在制定工艺时需引起注意。

5.1.1 加工中心的分类与加工对象

1. 加工中心的分类

(1) 按加工方式分类。

① 车削加工中心。车削加工中心以车削为主,主体是数控车床,机床上配备有转塔式刀库或由换刀机械手和链式刀库组成的大容量刀库。

② 镗铣加工中心。镗铣加工中心是机械加工行业应用最多的一类数控设备,其工艺范围主要是铣削、钻削、镗削。

③ 复合加工中心。在一台设备上可以完成车、铣、镗、钻等多种工序加工的加工中心称为复合加工中心,可代替多台机床实现多工序的加工。目前,复合加工中心多以车、铣加工中心为主。

(2) 按主轴的布局分类。

① 立式加工中心。它能完成铣削、钻削、镗削、攻螺纹等工序。刀具主要进行零件顶面内容的加工,一般是单一工位加工。配合其他辅具,还可以铣削螺纹和螺旋面。

② 卧式加工中心。一般卧式加工中心由三个到五个坐标轴控制,通常配备一个旋转坐标轴(回转工作台)。卧式加工中心能够完成零件顶面及周面内容的加工,适宜加工箱体类零件。

③ 万能加工中心。主轴具有立卧转换的功能，兼具立式和卧式加工中心的特点，加工范围很广，几乎能完成零件除安装面外的所有面的加工，也称为五面加工中心。

2. 加工中心的加工对象

加工中心适宜加工形状复杂、工序多、精度要求高并且需要经过多次装夹和调整才能完成加工的零件，如箱体类零件、具有复杂曲面的零件和异型件等。

5.1.2 加工中心结构简介

加工中心的本体主要包括基础部件、主轴部件、自动换刀机构和辅助机构等几部分。

1. 基础部件

基础部件的总体刚性直接影响机床的精度稳定性，一般要求进给系统的传动精度和刚度高，响应速度快，运动惯量小，并且无间隙、传动效率高。

2. 主轴部件

加工中心的主轴部件要求具有高的运转精度、长的精度保持性以及长时间运动的精度稳定性。一般加工中心的主轴应具有如下特点。

(1) 主轴带有自动定向准停装置。

一般加工中心的主轴与刀柄之间靠端面键传递转矩。当主轴停转进行刀具交换时，主轴需停在一个固定不变的方位上。保证主轴端面的键也在一个固定的方位，使刀柄上的键槽能恰好对正端面键。此外，在钻孔时，有时需通过前壁小孔镗内壁的同轴大孔，或进行孔的反倒角加工等，也要求主轴实现准停，使刀尖停在一个固定方位上，以便工件相对主轴偏移一定尺寸，使大刀刃能通过前壁小孔进入箱体内对大孔进行镗削。这就要求加工中心的主轴应具备自动定向(准停)功能。

(2) 主轴应具备吹气功能。

加工中心的刀具安装是以主轴锥孔和刀柄锥度作为定位基准，所以主轴锥孔必须保持清洁，如果有异物或灰尘存在，就会影响刀具的定位精度。当在卸刀过程中刀柄离开主轴锥孔时，从主轴后端向外吹气，以清洁锥孔的配合面。

(3) 主轴具备刀具锁紧和松开装置。

它用来固定刀具与主轴间的连接，在刀柄插入锥孔后，主轴中的刀柄锁紧机构动作，通过拉杆拉紧刀柄尾部的拉钉，拉力一般为 20 000 N 左右。

3. 自动换刀机构

在每一工序完成后，由自动换刀机构把下一工序需要的刀具换至机床主轴上，从而保证了工序之间的连贯。一般加工中心的换刀是通过刀库、机械手、主轴间的协调动作完成的，除此之外还有自动更换主轴箱和自动更换刀库等形式。

(1) 刀库。

加工中心的刀库形式很多，结构也各不相同。

① 按照换刀过程中是否有机械手参与，刀库可分为有机械手换刀刀库和无机械手换刀刀库两大类。

在无机械手换刀机床上，刀柄轴线与主轴锥孔轴线平行，并且刀具在主轴的运动范围之内。换刀时，通过主轴移动与刀库的配合，首先将主轴上用过的刀具放入刀库中确定的位置，然后通过刀库自动选刀功能使待换刀具转到换刀位置，再移动主轴使待换刀具放入主轴锥孔，完成换刀。在无机械手换刀机床上，刀库选刀和机床加工时间不能重合，这种换刀方式将影响机床的生产效率，通常用于刀库刀位数较少的机床上。

有机械手换刀刀库配置较为灵活，换刀时间短，可实现加工中自动选刀，但是其机械结构和控制系统较为复杂，同时换刀机械手也是加工中心故障高发的结构之一。无机械手换刀刀库的机械结构和控制都较为简单，但是换刀时间长，影响加工效率，刀具数量和机床结构形式均受影响。

② 按照结构分类，主要有盘式和链式两种。

图 5.1 所示为盘式刀库。在盘式结构刀库中，按照刀具轴线在刀库中的放置方式又有轴向、径向和斜向安装，如图 5.1(a)、(b)、(c)所示。在要求刀库容量较大时，采用弹仓式结构可以方便存取并使结构紧凑，如图 5.4(d)所示。盘式刀库一般用于刀具容量要求不大的中小型加工中心上，也称为斗笠式刀库，刀具数量为几把到几十把，以 20 把以下较为常见。

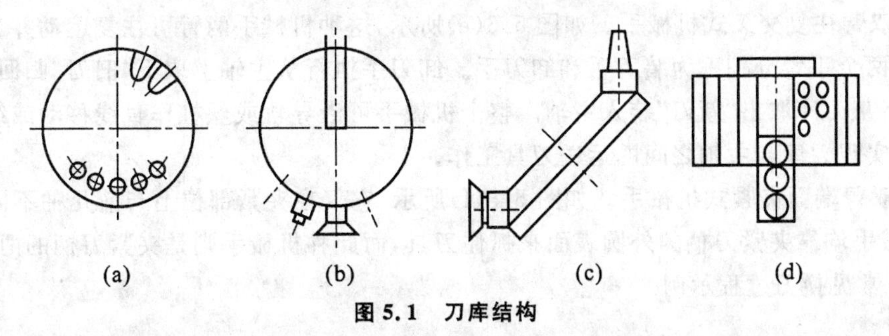

图 5.1　刀库结构

图 5.2 所示为链式刀库。链式刀库容量一般比盘式刀库容量大，结构可以随刀库容量要求灵活变化，常见的有单链结构、多链结构和“S”形折叠结构等，如图 5.2(a)、(b)、(c)所示。链式刀库一般用于大型加工中心上，刀库容量可达几十把到几百把。

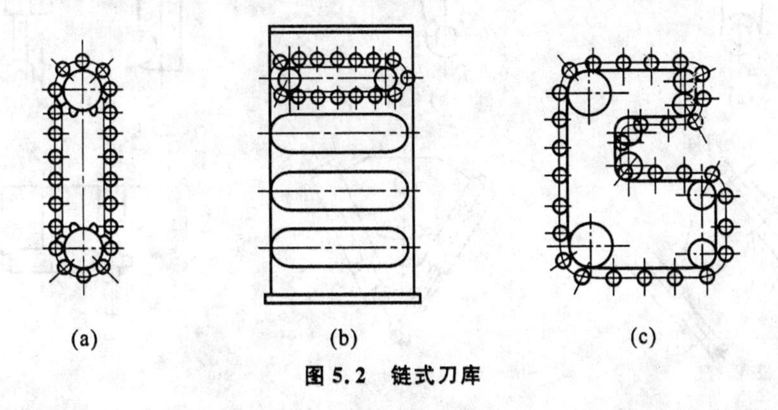

图 5.2　链式刀库

一般刀库安装在加工中心的床身上、立柱侧面或顶面上。但是，在刀库容量较大时，刀库的重量和运动对机床的性能有一定的影响(如床身的承载变形、刀库运动时的振动等)，所以一些大型加工中心通常采用刀库独立于机床本体的安装形式。

(2) 换刀机械手。

在加工中心的自动换刀系统中,机械手具体执行刀具的自动更换,因此,对其要求是迅速可靠、准确协调。由于加工中心的刀库和主轴之间相对位置和距离不同,相应的换刀机械手的结构和运动过程也不尽相同,如图 5.3 所示。

① 单臂单爪回转式机械手。如图 5.3(a)所示,机械手的手臂可通过回转不同角度来进行自动换刀,手臂上一个卡爪要执行刀库和主轴上的装卸刀,更换刀具所花时间较长。

② 单臂双爪回转式机械手。如图 5.3(b)所示,在它的手臂上有两个卡爪,其中一个卡爪执行从主轴取下"旧刀"送回刀库,另一个卡爪则执行由刀库取出"新刀"送到主轴,所以换刀时间比单爪机械手短。

③ 双臂回转式机械手。如图 5.3(c)所示,这种机械手的两臂各有一个卡爪,可同时抓取刀库和主轴上的刀具,在回转 180°之后又同时将刀具归回刀库及装入主轴,它是目前加工中心机床上最为常用的一种形式,换刀时间要比前两种都短。

④ 双机械手。如图 5.3(d)所示,这种机械手相当于两个单臂单爪机械手经配合一起执行自动换刀,其中一个机械手执行拔"旧刀"归回刀库,另一个机械手执行从刀库取"新刀"插入机床主轴上。

⑤ 双臂往复交叉式机械手。如图 5.3(e)所示,这种机械手两臂可往复运动并交叉成一定角度,两个手臂分别称为装刀手和卸刀手。卸刀手执行从主轴上取下"旧刀"归回刀库,装刀手执行从刀库取出"新刀"装入主轴。整个机械手可沿导轨或丝杠作直线移动或绕某个轴回转,以实现刀库与主轴之间的运送刀具工作。

⑥ 双臂端面夹紧式机械手。如图 5.3(f)所示,它仅在夹紧部位上与前几种不同。前述几种机械手均靠夹紧刀柄的外圆表面来抓住刀具,而此种机械手则是夹紧刀柄的两个端面。

(3) 常见换刀过程示例。

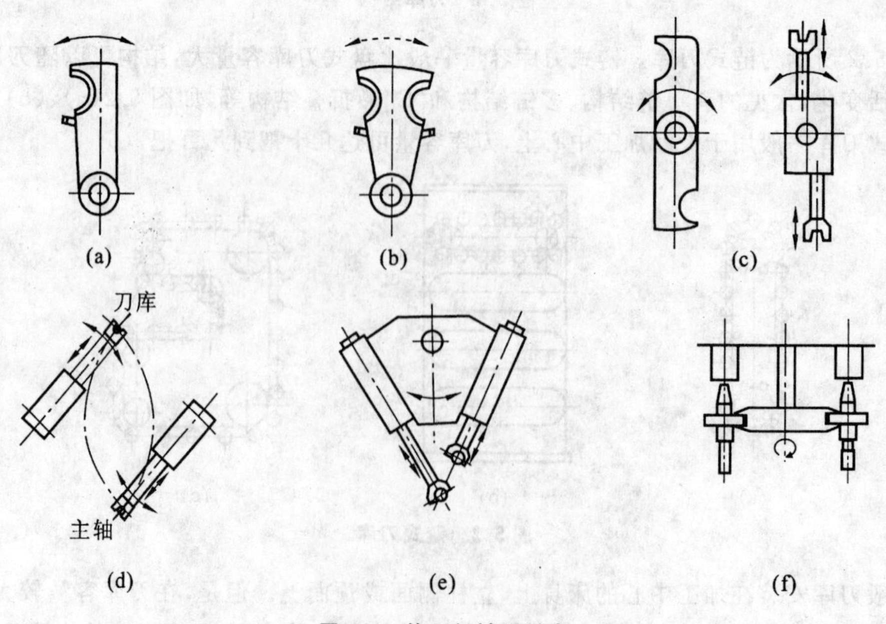

图 5.3 换刀机械手形式

① 无机械手换刀示例。如图 5.4 所示为 XH754 型卧式加工中心的换刀过程。

图(a):主轴准停,主轴箱作上升运动。

图(b):主轴箱到达换刀位置,主轴上刀具进入刀库的空刀位,被刀库夹紧,主轴松刀。

图(c):刀库夹住刀具前移,拔出刀具。

图(d):刀库转位,使新刀具正对主轴,主轴内吹气装置吹气清洁主轴孔。

图(e):刀库后退,将新刀具插入主轴孔,主轴夹紧刀具。

图(f):主轴箱离开换刀位置,下移到工作位置,换刀完成。

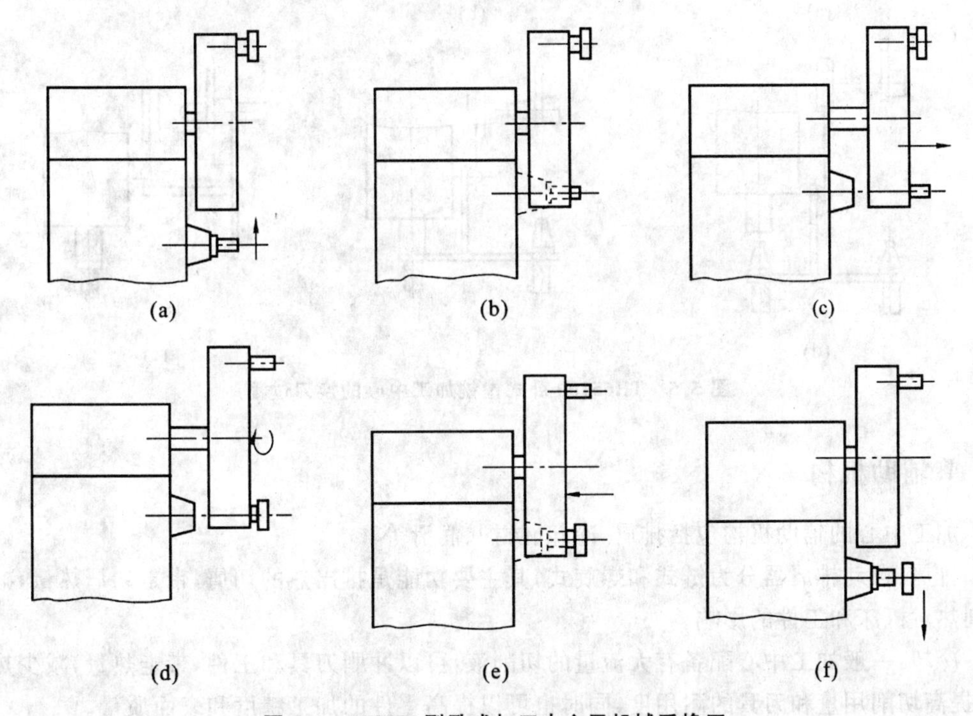

图 5.4　XH754 型卧式加工中心无机械手换刀

② 有机械手换刀示例。TH65100 采用的是链式刀库,位于机床立柱左侧。刀库中刀具的轴线与主轴的轴线垂直,机械手需要有三个自由度。机械手沿主轴轴线的插拔刀动作由液压缸来实现;绕垂直轴 90°的摆动(进行刀库与主轴间刀具的传送)和绕水平轴旋转 180°(完成刀库与主轴上的刀具交换)的动作分别由液压马达来实现。

TH65100 卧式镗铣加工中心换刀过程如图 5.5 所示。

图(a):手爪伸出,抓住刀库上的待换刀具。

图(b):机械手转位 90°,使刀具轴线与主轴轴线平行,机械手的另一爪抓住当前刀具,主轴松刀。

图(c):机械手前移,将刀具拔出锥孔。

图(d):机械手绕水平轴转位 180°,交换刀具。

图(e):机械手后退,将新刀具装入主轴,主轴锁紧刀具。

图(f):机械手松开主轴上的刀具,转位 90°,将刀具放回刀库中。

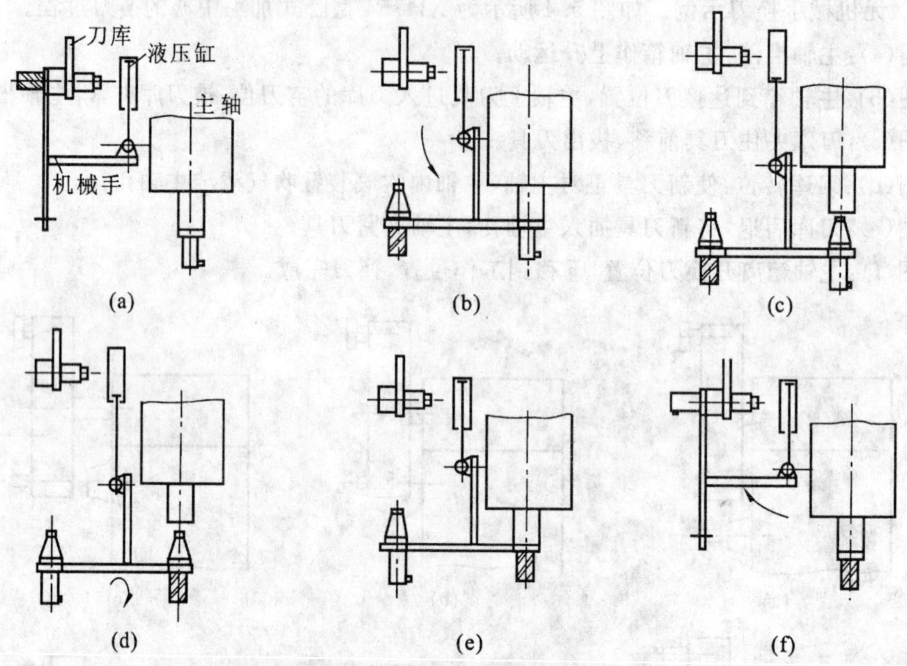

图 5.5 TH65100 卧式镗铣加工中心的换刀过程

4. 辅助机构

加工中心的辅助机构包括排屑、冷却、防护、润滑等。

排屑：自动排屑器分为链式和螺旋式，其主要功能是排出热的切屑，带走切屑热量，减少切削热对机床和工件的影响。

冷却：一般加工中心配备有大流量的切削液，可以冲刷刀具和工件，带走热量，减少热变形，提高切削用量和刀具的耐用度，同时也可以提高零件的加工精度和表面质量。

防护：加工中心配备有全封闭的防护罩，各门带有安全互锁，工作时必须关闭，否则机床不能运行，这样可以防止切削液飞溅，防止污染，也保证了操作者的人身安全。

润滑：加工中心一般采用集中自润滑，由导轨润滑泵根据 PLC 程序的要求，自动定时定量地向导轨及丝杠供给润滑油，保证机床运行的稳定性。

主轴恒温油箱：由主轴恒温油箱完成主轴的外循环冷却。通过向主轴箱内通入控制温度的冷却油，带走主轴部件的发热量，降低主轴温升，保证主轴的热稳定性和回转精度。

测头：有的加工中心配有自动对刀装置，由它完成对刀过程，得到刀具相应的补偿值，减少了人工对刀的时间，提高了机床效率。

5.1.3 加工中心的工具系统及测量与找正

1. 加工中心的工具系统分类

加工中心使用的工具系统是铣镗类工具系统，这种工具系统分为整体式结构和模块式结构两大类。

(1) 整体式结构。

整体式结构的铣镗类工具系统，把刀柄和夹持刀具的工作部分做成一体，使用时选用不同的品种和规格的刀柄，装上对应的刀具即可，其优点是使用方便、可靠。

(2) 模块式结构。

模块式结构的铣镗类工具系统，把工具的柄部和工作部分分开，制成各种系列化的模块，然后通过不同的模块组装成所需要的工具。这样可减少刀柄的规格、品种和数量的储备。模块化工具系统是为适应现代柔性化数控加工的需要而产生的。

2. 加工中心刀具的测量与找正

精确地确定刀具尺寸和稳定的切削状态，对保证数控加工质量和机床的自动化运行具有重要意义。在加工的过程中，必须确切掌握所用的每一把刀具切削刃的实际位置参数。常用的刀具测量方法有试切法对刀、对刀装置对刀等。

(1) 刀具测量分类。

刀具测量按照测量目的的不同一般有刀具尺寸测量和刀具状态测量。刀具尺寸测量又有非切削状态下进行的静态测量和切削过程中实时进行的动态尺寸测量(也称为刀具尺寸监控)。刀具状态测量一般应用于自动化无人加工中，通过对刀具磨损等参数的实时采集处理，保证加工精度和质量，避免刀具磨损、失效等对加工的严重影响。

(2) 找正器。

在加工前用来确定工件坐标系的工具称为找正器。找正器是一种常用的刀具测量装置。目前，数控机床所使用的找正器种类很多，从其功能上可划分为两类：一类是测量类，包括百分表、千分表、杠杆表等，主要用于确定工件及夹具定位基准面的方位；另一类是目测类，包括电子感应器、偏心轴、检验棒等，主要用于确定工件及夹具在机床工作台中的坐标位置。

5.1.4　加工中心的编程基础

除换刀程序外，加工中心的编程方法与数控铣床的相同。不同的加工中心，其换刀程序不尽相同，通常选刀与换刀分开进行。执行换刀程序段完毕，启动主轴后方可进行后续程序段的加工。选刀也可与机床加工重复起来，即利用切削时间进行换刀。多数加工中心都规定了换刀点位置，即定距换刀。主轴只有走到这一位置时，机械手才能松开执行换刀动作。一般立式加工中心规定换刀点的位置在 Z 轴零点(或某一参考点)处，卧式加工中心规定在 Y 轴零点(或某一参考点)处。

常用的换刀指令是 M06 T××，其中 T××表示目标刀具号。在西门子 802D 系统中，该指令的执行实际是在后台调用了一个专用的换刀子程序 L6(也可能是其他子程序名称，这由机床参数设定)。该子程序一般由机床生产商编写，内容不尽相同，它控制的是机床的各个换刀动作。例如，某立式加工中心的换刀程序如下。该程序中的各个 M 指令功能是由机床生产商通过 PLC 编程设定的功能。在不同的机床上，M 指令功能可能会不同。

N10 IF $P_TOOLNO=$P_TOOLP GOTOF NO；对当前刀号与指令刀号比较，如果相同则程序结束

```
N20 G75 Z0;                              返回固定点 Z0(换刀点)
N30 MSG("TOOL CHANGE ACTIVE");           显示屏出现"TOOL CHANGE
                                         ACTIVE"提示信息
N40 M21;                                 刀库转位寻找到当前刀具对应的
                                         刀位
N50 M3 S20;                              主轴低速转动
N60 G04 F1;                              执行暂停 1 s
N70 SPOS=R200;                           主轴定向停止的角度由 R200 参
                                         数预先设定
N80 M14;                                 刀库向主轴运动,夹持当前刀具
N90 G04 F1;                              执行暂停 1 s
N100 M11 M12;                            主轴抓刀机构松开刀具,同时吹
                                         气阀打开清洁主轴孔
N110 G04 F1;                             执行暂停 1 s
N120 G91 G01 Z115 F4000;                 主轴运动以从锥孔中取出刀具
N130 M13;                                吹气阀关闭
N140 M20;                                刀库转位找到指定刀具对应的刀
                                         位
N150 G91 G01 Z-100 F4000;                刀柄送入主轴孔
N160 G01 Z-15 F1500;                     末段行程采用较低的进给速度
N170 M10;                                主轴抓刀机构夹紧刀具
N180 G04 F1;                             执行暂停 1 s
N190 M15;                                刀库退回
N200 G90;                                恢复换刀前的模态指令
N210 MSG("TOOL CHANGE FINISHED");        显示屏出现"TOOL CHANGE
                                         FINISHED"提示信息
N220 G04 F1;                             执行暂停 1 s
N230 GOTOF FIN;                          跳转,程序结束
N240 NO: MSG("ACTUAL TOOL IS EQUAL NEW TOOL");
N250 FIN:
N260 RET;                                返回主程序
```

5.1.5 加工中心的工艺基础

加工中心具备自动换刀功能,自动化程度较高,适于加工复杂的零件。加工中心编程的工艺方案应尽量突出加工中心的优势,一般要求尽量将工序集中。数控铣床编程的工艺分析的一般原则也可以用在加工中心上,但是,加工中心相对于数控铣床有一些不同之处,在编程时应作相应处理。

1.加工零件的选择

一般来说，加工中心加工的零件都是高难度、高精度的零件，它的工序更为集中，包括铣、镗、钻、铰、攻螺纹等。复杂的模具型腔一般用立式加工中心加工，复杂的箱体、壳体零件多用卧式加工中心加工。加工精度高的中小批量零件是加工中心的首选加工零件。

加工中心的规格也要和加工零件的尺寸与复杂程度相适应：即零件的大小要和机床的工作台及各向行程相适应；零件的复杂程度和加工中心的坐标数及联动坐标数相适应；零件的切削量要和加工中心的主轴电机功率相适应。

2.加工工艺方案选择

对于铸造或锻造毛坯，一般应在普通机床上进行一次粗加工，去掉主要的加工余量，再在加工中心上进行加工；对于热轧或热处理后的毛坯，最好先去除表面黑皮。

加工中心的工艺方案应突出加工中心自动化程度高的特点，努力提高加工效率。由于加工中心的高刚度和高功率，在工艺的安排上可以采用大的切削量，以提高加工效率。自动换刀是加工中心的一大特色，应针对企业的主要加工零件，尽量配齐刀具并装入刀库。刀具的质量要好，使用寿命要长，以减少刀具调整时间，提高加工效率。

工序之间应尽量减少空行程移动量。确定工步的顺序时以刀具为核心，减少换刀次数。当加工工件的批量大而且工序又不太多时，可在工作台上一次安装多个工件同时加工，以减少换刀次数。

加工中心的加工内容、安装基面、加工基面和加工余量的安排与数控铣床有所不同，一般卧式加工中心的基面的安装要考虑到多个面的加工，在机床工作台旋转后仍要方便加工，以降低温度，减小内应力和夹持力的影响。如果要一次完成粗、精加工，则应首先安排重切削、粗加工，随后安排加工精度要求不高而且切削余量小、发热少的内容，例如，钻小孔、攻螺纹等，在进行这些工序的过程中工件冷却下来，最后安排精加工的内容。在加工中心上一般的加工顺序为：铣大平面、粗镗孔、半精镗孔、立铣刀加工、打中心孔、钻孔、攻螺纹、精加工、铰、镗、精铣等。

3.加工工序的划分

加工工序的划分一般可按下列方法进行。

(1) 刀具集中分序法。

刀具集中分序法就是按所用刀具划分工序，用同一把刀具加工完工件上所有可以完成的部位，再用第二把刀、第三把刀完成它们可以完成的其他部位。这样可以减少换刀次数，压缩空行程时间，减少不必要的定位误差。

(2) 加工部位分序法。

一般先加工平面、定位面，后加工孔；先加工简单的几何形状，再加工复杂的几何形状；先加工精度要求较低的部位，再加工精度要求较高的部位。

(3) 粗、精加工分序法。

对于易发生加工变形的零件，由于粗加工后可能会发生变形而需要进行校正，故一般对凡要进行粗、精加工的零件都要将工序分开。

4. 定位基准与夹紧方案的确定

定位基准与夹紧方案的确定原则如下：
① 力求设计、工艺与编程基准的统一；
② 尽量减少装夹次数，尽可能做到在一次定位装夹后就能加工出全部待加工表面；
③ 避免采用占机人工调整的方案。

5. 对刀点的确定

对刀点是数控加工中刀具相对工件运动的起点。对刀时应使对刀点与刀位点重合。所谓刀位点，是指刀具的定位基准点。对于各种立铣刀，一般取刀具轴线与刀具端面的交点；对于钻头，取为钻尖。对刀点可以设在被加工零件上(如零件的定位孔中心，距机床工作台或夹具表面的某一点处)，也可以设在与零件定位基准有固定尺寸关系的夹具上的某一位置(如专门在夹具上设计一个圆柱销或孔等)。其选择原则如下：
① 找正容易；
② 编程方便；
③ 对刀误差小；
④ 加工时检查方便、可靠。

6. 走刀路线的选择

走刀路线是加工过程中刀具相对于被加工工件的运动轨迹和方向，主要考虑下列几点：
① 保证零件的加工精度要求；
② 方便数值计算，减少编程工作量；
③ 寻求最短加工路线，减少空刀时间以提高效率；
④ 尽量减少程序段数；
⑤ 最终轮廓应安排最后一次走刀连续加工出来，以保证轮廓表面的粗糙度要求；
⑥ 对刀具的进退刀路线要认真考虑，尽量减少在轮廓处停刀(因切削力突然变化会造成弹性变形)而留下刀痕，也要避免在工件轮廓面上垂直下刀而划伤工件。

7. 切削用量选择

加工中心的切削用量的选择主要受刀具、机床和工件材料三个因素的影响。选择时可查金属切削手册，也可以根据经验估算确定，其方法与铣削用量的选择基本相同。

5.2 SIEMENS 系统固定循环功能

5.2.1 固定循环概述

固定循环是指为完成某一特定的工艺动作而由系统生产商编制的子程序，机床使用者只需用特定的循环指令调用该子程序即可实现确定的加工过程，例如，攻螺纹或者凹槽的铣

削。循环用于各种具体加工过程时，只要改变循环指令和参数就可以。西门子系统提供了非常丰富的循环指令，分为钻削(孔加工)循环、铣削循环、车削循环三类。802D、810D 及 840D 在循环编程部分的功能基本相同。

5.2.2　钻削循环及孔组合循环

在所有钻削循环、孔组合循环和铣削循环中，有两种参数：几何参数和加工参数。几何参数均一致，它们定义基准面和退回面、安全距离以及绝对孔深度或者相对孔深度。加工参数在不同循环中具有不同的含义和作用。

1. 钻削(定中心)指令 (CYCLE81)

(1) 指令格式。

CYCLE81 (RTP, RFP, SDIS, DP, DPR)

(2) 参数说明。

如图 5.6 所示。

RTP：　退回平面(绝对平面)，　确定循环结束后刀具的位置。

RFP：　基准面(绝对平面)，　孔上端面的坐标位置。

SDIS：　安全平面，　确定安全平面坐标，刀具从此处开始以 F 值切削。

DP：　孔底坐标平面，　确定孔底终点坐标。

DPR：　孔底深度(绝对值)，　与 RFP 一起可确定 DP。

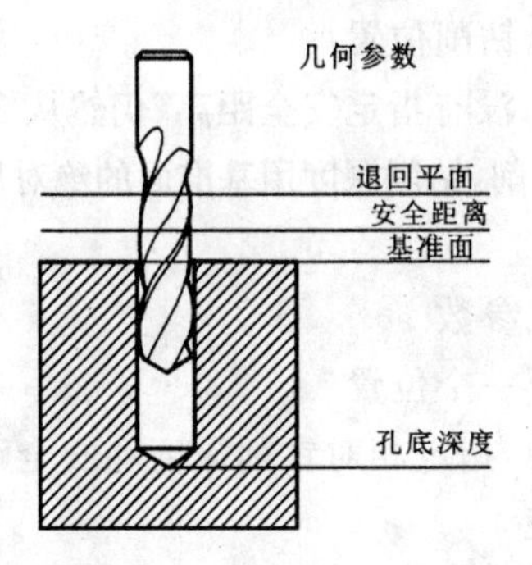

图5.6　钻孔 CYCLE81 指令

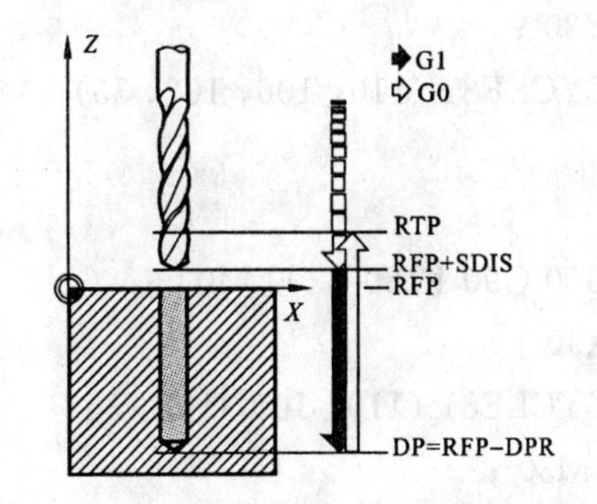

图 5.7　CYCLE81 指令钻孔加工顺序

(3) 功能。

刀具以编程的主轴转速和进给速度钻削，直至输入的钻削深度。

如图 5.7 所示，该循环的运动过程如下：

① 以 G00 运动到相对安全距离的基准面；

② 以编程的进给 F 值(G01)运行到钻削深度；

③ 以 G00 返回到退回平面。

注意：一般情况下，基准面(RFP)和退回平面(RTP)具有不同的值。退回平面位于基准平面之前。退回平面与钻削深度之间的距离大于基准面到钻削深度的距离。安全距离(SDIS)以基准面为参考，在基准面之上的一个距离。钻削深度可以用基准面的绝对尺寸(DPR)规定，也可以用基准面的相对尺寸(DP)规定。

(4) 编程举例。

使用钻削循环 CYCLE81 加工如图 5.8 所示零件的三个孔，要求分别使用不同的参数进行钻削。

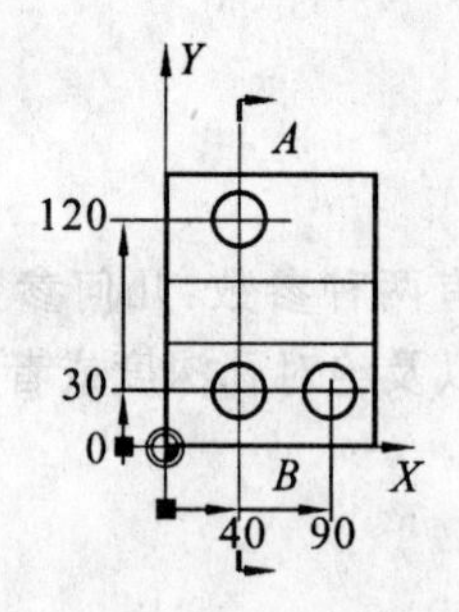

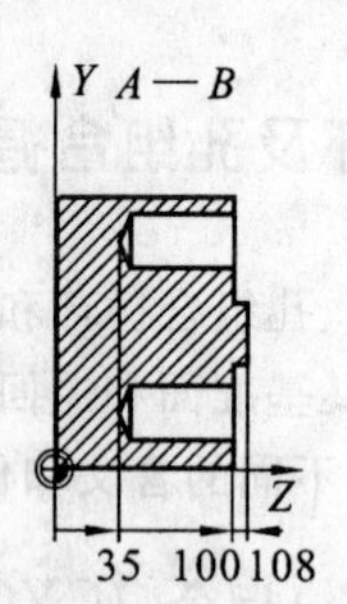

图 5.8　CYCLE81 指令钻孔加工举例

N10 G00 G90 F200 S300 M03 ；	确定工艺参数
N20 Z300 ；	准备换刀
N21 T3 D1；	换 3 号刀及刀补
N22 L6；	换刀
N30 X40 Y120 ；	至第一个钻削位置
N40 CYCLE81 (110，100，102，－35)	循环调用，指定退回平面、基准面、安全距离和绝对钻削深度(钻削深度用基准面的相对尺寸 DP 规定)
N50 Y30 ；	到下一个钻削位置
N60 CYCLE81 (110，100，102，35)；	循环调用，没有指定安全距离(仍然从 $Z=102$ 处开始切削，钻削深度用基准面的绝对尺寸 DPR 规定)
N70 G00 G90 F180 S300 M03 ；	改变工艺参数
N80 X90 ；	返回到下一个位置
N90 CYCLE81 (110，100，102，35)；	循环调用，指定相对钻削深度和安全距离
N100 M30 ；	程序结束

注意：中间某一参数省略，相应位置须用“，，”标明。

2. 钻削(锪平面)(CYCLE82)

(1) 指令格式。

CYCLE82 (RTP，RFP，SDIS，DP，DPR，DTB)

(2) 参数说明。

参数 RTP、RFP、SDIS、DP、DPR 同 CYCLE81。

DTB：在钻孔底部的停留时间(断屑)。

(3) 功能。

刀具以编程的主轴转速和进给速度钻削，直至所输入的钻削深度。在到达孔底时，进给暂停一个指定的时间。该循环用于对底面有质量要求的孔加工，运动过程如图 5.9 所示。

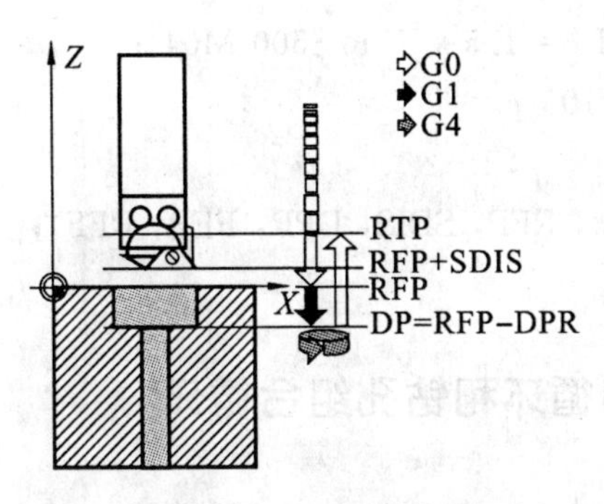

图 5.9　CYCLE82 指令钻孔加工顺序

3. 镗孔（CYCLE85）

(1) 指令格式。

CYCLE85（RTP，RFP，SDIS，DP，DPR，DTB，FFR，RFF）

(2) 参数说明。

参数 RTP、RFP、SDIS、DP、DPR 参见 CYCLE81。

FFR:进刀速度。

RFF:退回进给速度。

(3) 功能。

刀具以编程的主轴转速和进给速度钻削，直至输入的钻削深度，分别以参数 FFR 和 RFF 中规定的进给速度进行向内运动和向外运动。该循环也可以用于铰孔(研磨)。

该循环的运动过程如图 5.10 所示。

① 以 G00 返回到安全高度。

② 以 G01 和参数 FFR 编程的进给率运行到孔底深度，执行在孔底的停留时间。

③ 以 G01 和参数 RFF 规定的退回进给率返回到安全高度。

④ 以 G00 返回到退回平面。

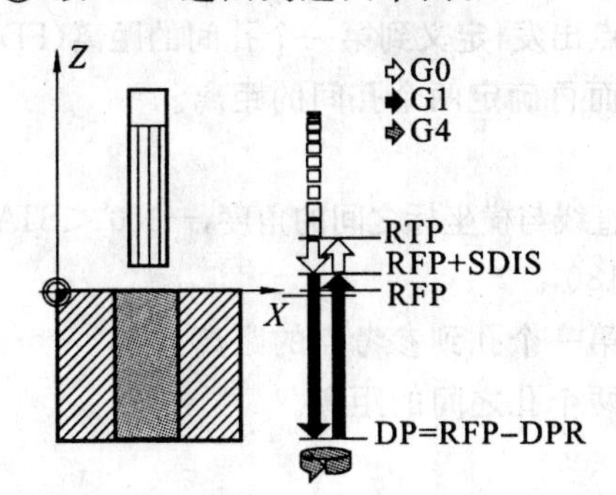

图 5.10　CYCLE85 指令镗孔加工顺序

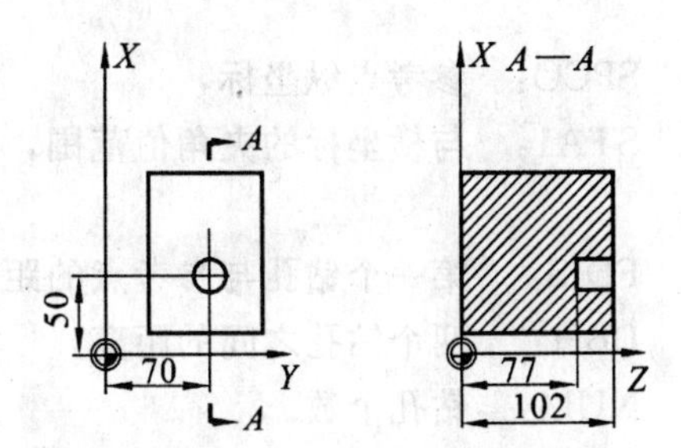

图 5.11　CYCLE85 指令镗孔加工举例

(4) 编程举例。

调用循环 CYCLE85 加工如图 5.11 所示的零件孔，钻削轴是 Z 轴。循环调用中孔底深度用相对量给出，不编程停留时间。工件上表面高度为 Z102。

DEF REAL FFR，RFF，RFP=102，DPR=25，SDIS=2；参数定义，赋值

```
N10 G00 FFR=300 RFF=1.5 * FFR S500 M04 ;        确定工艺数值
N20 T1 D1 Z70 X50 Y105 ;                         返回钻削位置
N21 L6;
N30 CYCLE85 (RFP+3, RFP, SDIS, DPR, FFR, RFF);   循环调用,不编程停留时间
N40 M30 ;                                        程序结束
```

5.2.3　模态调用钻削循环和钻孔组合循环

1. 在程序中可以模态调用任意一个固定循环

编程模态调用一个循环(子程序)指令:MCALL。

如模态调用钻削循环:

MCALL CYCLE81 (RTP, RFP, SDIS, DP, DPR)

功能:在每次执行循环(子程序)之后自动重复调用该循环。如果编程 MCALL,后面不带子程序名,则可以关闭该功能;或者通过重新模态调用一个其他的子程序,也可以改变本次模态调用。用 MCALL 指令模态调用子程序的程序段以及模态调用结束指令均需要一个独立的程序段,具体使用见后面的编程实例。

2. 钻孔组合循环

钻孔组合循环描述平面中孔布置的几何关系,它与钻削循环的关系通过在编程该钻孔组合循环之前模态调用。

(1) 直线排孔(HOLES1)。

① 指令格式:

HOLES1 (SPCA, SPCO, STA1, FDIS, DBH, NUM)

② 参数说明,如图 5.12 所示。

SPCA:　直线上参考点横坐标,　　在孔排列直线上确定一个点作为参考点,从该点出发,定义到第一个孔间的距离(FDIS),进而再确定两个孔间的距离。

SPCO:　参考点纵坐标,

STA1:　与横坐标的夹角值范围,　　确定直线与横坐标之间的角度,$-180° < STA1 \leqslant 180°$。

FDIS:　第一个钻孔与参考点的距离,确定第一个孔到参考点的距离。

DBH:　两个钻孔之间的距离,　　确定两个孔之间的距离。

NUM:　钻孔个数。

③ 功能。使用该循环可以对位于一条直线上的一系列的孔进行加工,钻削动作由事先模态选择的钻削循环指令确定。

④ 编程举例。加工如图 5.13 所示螺孔,孔与 *ZX* 平面中的 *Z* 轴平行。孔相互间距 20 mm,出发点位于 Y20 和 X30,第一个孔与该点的距离为 10 mm。首先用循环 CYCLE81 钻削,然后用 CYCLE84 加工螺纹。孔深为 80 mm。

DEF REAL RFP=102, DP=20, RTP=105;

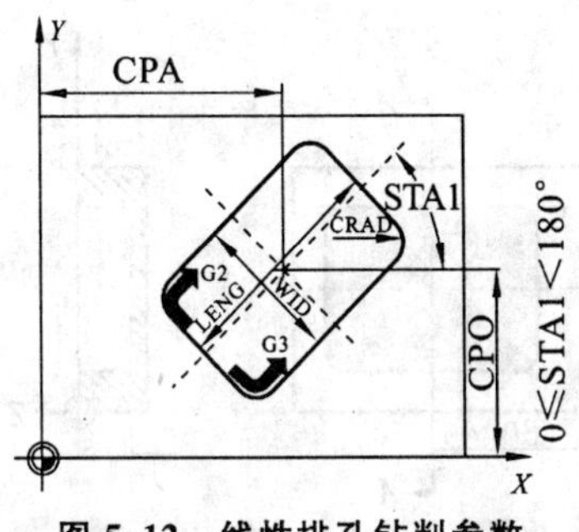

图 5.12 线性排孔钻削参数

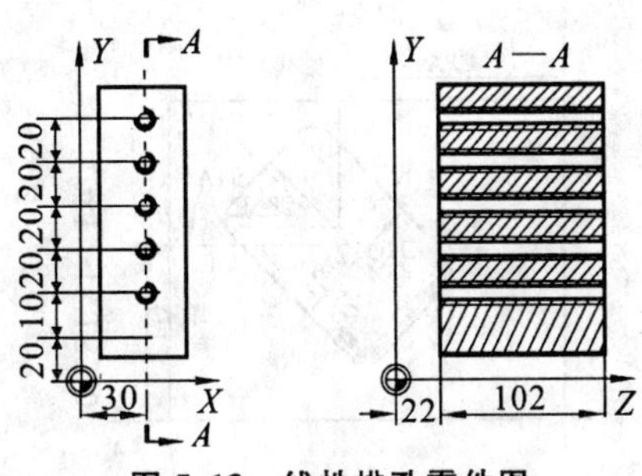

图 5.13 线性排孔零件图

程序	说明
DEF REAL SDIS, FDIS;	
DEF REAL SPCA=30, SPCO=20,STA1=90, DBH=20;	
DEF INT NUM=5;	参数定义,赋值
N10 SDIS=3 FDIS=10;	安全距离和第一个孔到参考点之间的距离
N20 G90 F30 S500 M03 T1 D1;	确定工艺数值,用于加工截面
N30 G17 G00 X30 Y20 Z105;	返回运行到出发位置
N40 MCALL CYCLE81 (RTP, RFP, SDIS, DP);	模态调用钻削循环
N50 HOLES1 (SPCA, SPCO, STA1, FDIS, DBH, NUM);	调用成排孔循环,从第一个钻孔开始,循环中仅返回钻孔位置
N60 MCALL;	撤销选择模态调用
... ;	换刀
N70 G90 G00 X30 Y20 Z105;	返回到第一个钻孔旁的位置
N80 MCALL CYCLE84 (RTP, RFP, SDIS, DP, , 3, , 4.2, , , 400);	模态调用攻丝循环
N90 HOLES1 (SPCA, SPCO, STA1, FDIS, DBH, NUM);	调用成排孔循环,从第一个孔开始
N100 MCALL;	撤销选择模态调用
N110 M30;	程序结束

(2) 铣削矩形槽(POCKET1)。

① 指令格式。

POCKET1 (RTP, RFP, SDIS, DP, DPR, LENG, WID, CRAD, CPA, CPD, STA1, FFD,FFP1, MID, CDIR, FAL, VARI, MIDF, FFP2, SSF)

② 参数说明。如图 5.14 所示,其他参数同 SLOT2 循环。

③ 编程举例。

加工如图 5.15 所示凹槽,长度为 60 mm,宽度 40 mm,拐角半径 8 mm,深度 17.5 mm。凹槽在 X 轴方向角度为 0°。凹槽边缘的精加工余量为 0.75 mm,安全距离在 Z 轴方向距基准平面为 0.5 mm。凹槽中心点位于 X60Y40,最大深度进刀为 4 mm。

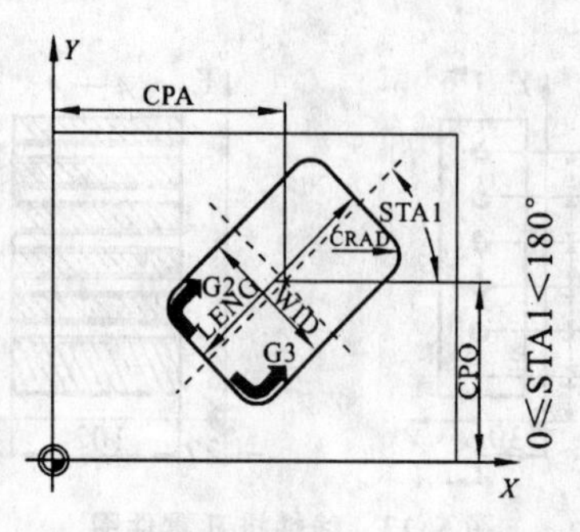

图 5.14 POCKET1 指令加工参数

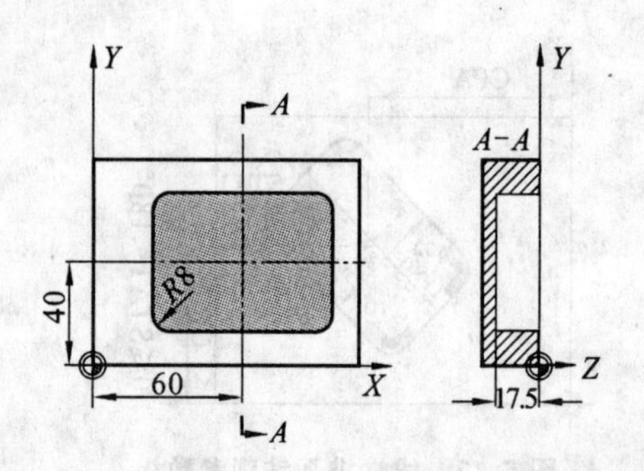

图 5.15 凹槽零件图

```
DEF REAL LENG, WID, DPR, CRAD;
DEF INT VARI;                                     变量定义
N10 LENG=60 WID=40 DPR=17.5 CRAD=8;
N20 VARI=1;                                       赋值
N30 G90 S600 M03 ;                                确定工艺数值
N35 T20 D2;
N37 L6;
N40 G17 G00 X60 Y40 Z5 ;                          返回运行到出发位置
N50 POCKET1 (5, 0, 0.5, , DPR, LENG, WID,
CRAD, 60, 40, 0, 120, 300, 4, 2, 0.75, VARI);     循环调用;删除参数 MIDF,
                                                  FFP2 和 SSF
N60 M30 ;                                         程序结束
```

5.3 FANUC 系统 B 类宏程序应用

在一般的程序编制中,程序字为一个常量,一个程序只能描述一个几何形状,缺乏灵活性。有些情况下机床需要按一定规律动作,用户应能根据工况确定切削参数,或者在进行自动测量时,人或机床要对测量数据进行处理,而这些数据储存在变量(系统参数)中,普通程序是不能处理的,针对这种情况,数控机床提供了另一种编程方式——宏编程。在程序中使用变量,通过对变量进行赋值及处理的方法达到程序功能。这种有变量的程序称为宏程序,多用于零件形状有一定规律的情况。

FANUC 的宏程序格式与子程序基本一样,结尾用 M99 返回主程序。

如下例所示:

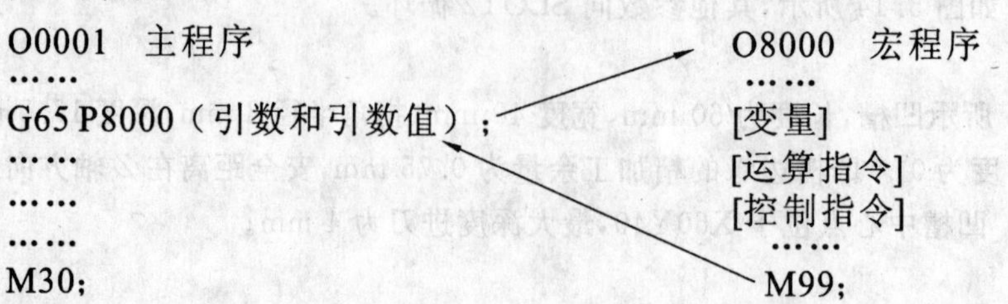

5.3.1　变量介绍

1. 变量的表示

一个变量由符号“＃”和变量号组成，＃ i（i＝1，2，3，……），例如，＃1、＃109、＃502。变量号也可以用表达式指定，此时，表达式必须封闭在括号中，“＃[〈表达式〉]”，例如，＃[＃1＋＃2－12]、＃[2001－1]、＃[＃4/2]。

2. 变量的使用

将跟随在一个地址后的数值用一个变量来代替，即引入了变量。例如，

F＃8　　若＃8＝50.0，则表示 F50

Z－＃15　　若＃15＝5.0，则表示 Z－5

G＃10　　若＃10＝3.0，则表示 G03

M＃7　　若＃7＝9.0，则表示 M09

注意：

(1) 改变引用变量的值的符号，要把“－”放在“＃”的前面。

(2) 当引用未定义的变量时，变量及地址字都被忽略。

例如，＃1＝0，＃2 的值为空时，G00 X＃1 Y＃2 的执行结果为 G00 X0 Y0。

(3) 程序号、顺序号和任选程序段跳转号不能使用变量。

例如，下面情况不能使用变量：

O＃1；/＃2 G00 X100；N＃3 Y20；

3. 变量的种类

变量分为局部变量、公共变量和系统变量三类，其用途和性质各不相同。

(1) 局部变量＃ 1～＃ 33。

所谓局部变量，就是指局限于在用户宏程序中使用的变量。同一个局部变量，在不同宏程序内其值是不通用的，无论这些宏程序是在同一层次或不在同一层次（即调用或被调用），都是如此。局部变量一般在调用宏程序的宏指令中赋值，也可在宏程序中直接赋值或用算式赋值。

(2) 公共变量＃ 100～＃ 199、＃ 500～＃ 599。

公共变量指在主程序内和由主程序调用的各用户宏程序内公用的变量。即在某宏程序中使用的变量，在其他宏程序中也能使用。公共变量＃ 100～＃ 199 会因切断电源被清除，＃ 500～＃ 599 则不会因断电而被清除。

(3) 系统变量＃ 1000 及以上。

这是固定用途的变量，它的值决定系统的状态，包括接口的输入/输出信号变量、刀具形状补偿变量、同步信号变量等。

5.3.2 变量赋值与运算

1.变量的赋值

(1) 直接赋值。

变量可通过操作面板“参数”中的相关画面处直接输入,也可用 MDI 方式赋值,也在程序内用以下方式赋值,#__=赋值(或表达式)。

(2) 引数赋值。

宏程序是以子程序方式出现的,所用的变量可在宏调用时赋值。

例如,G65 P9120 X100 Y20 F20;

其中:G65 为宏调用指令,X、Y、F 为引数地址(也称为自变量),X、Y、F 分别对应于宏程序中的变量号,变量的具体数值由引数后的数值决定。

引数与宏程序中变量的对应关系有两种,表 5.1 和表 5.2 所列为变量指定方法Ⅰ和Ⅱ,两种方法可以混用,数控系统会自动识别是哪种变量指定方法,如果两种变量指定混合使用,后指定的有效。

表 5.1 自变量指定Ⅰ

引数(自变量)	变量号	引数(自变量)	变量号	引数(自变量)	变量号
A	#1	I	#4	T	#20
B	#2	J	#5	U	#21
C	#3	K	#6	V	#22
D	#7	M	#13	W	#23
E	#8	Q	#17	X	#24
F	#9	R	#18	Y	#25
H	#11	S	#19	Z	#26

表 5.2 自变量指定Ⅱ

引数	变量号	引数	变量号	引数	变量号
A	#1	K3	#12	J7	#23
B	#2	I4	#13	K7	#24
C	#3	J4	#14	I8	#25
I1	#4	K4	#15	J8	#26
J1	#5	I5	#16	K8	#27
K1	#6	J5	#17	I9	#28
I2	#7	K5	#18	J9	#29
J2	#8	I6	#19	K9	#30
K2	#9	J6	#20	I10	#31
I3	#10	K6	#21	J10	#32
J3	#11	I7	#22	K10	#33

注:① 自变量指定Ⅰ中使用除了 G、L、O、N 和 P 以外的字母,每个字母指定 1 次。

② 自变量指定Ⅱ中 I、J、K 的下标用于确定自变量指定的顺序,在实际编程中不写。

例如，变量赋值方法Ⅰ：

G65 P8120 A20.0 X50.0 F100.0

即：#1=20 #24=50 #9=100

变量赋值方法Ⅱ：

G65 P1250 A5.0 I5.0 J6.0 K0 I2 J7 K9

即：#1=5 #4=5 #5=6 #6=0 #7=2 #8=7 #9=9

赋值规律：等号左边只能是变量，右边是表达式，不能互换。一个赋值语句只能给一个变量赋值。可以多次向同一个变量赋值，新变量值取代原变量值。赋值中表达式的运算顺序与数学运算顺序相同。

2.变量的运算指令

在宏程序中，在变量之间，变量和常量之间除了可以赋值以外，还可以进行各种运算，包括算术运算、逻辑运算、函数运算等功能。表5.3表示各种运算方式。

表5.3 变量的各种运算

功能	格式	具体示例或备注
定义	#i=#j	#102=#10
加法	#i=#j+#k	#5=#10+#101
减法	#i=#j-#k	#8=#5-#100
乘法	#i=#j*#k	#110=#1*#24
除法	#i=#j/#k	#108=#7/#12
正弦	#i=sin[#j]	#10=sin[#4]
反正弦	#i=asin[#j]	#9=asin[#72]
余弦	#i=cos[#j]	#15=cos[#7]
反余弦	#i=acos[#j]	#102=acos[#17]
正切	#i=tan[#j]	#15=tan[#12]
反正切	#i=atan[#j]	#150=atan[#5]/[#7]
平方根	#i=SQRT[#j]	#121=SQRT[#11]
绝对值	#i=ABS[#j]	#7=ABS[#101]
四舍五入	#i=ROUND[#j]	#102=ROUND[#13]
上取整	#i=FIX[#j]	#10=FIX[#101]
下取整	#i=FUP[#j]	#109=FUP[#70]
自然对数	#i=LN[#j]	#7=LN[#100]
指数函数	#i=EXP[#j]	#15=EXP[#16]
或	#i=#j OR #k	#20=#3 OR #8
异或	#i=#j XOR #k	#20=#5 XOR 25
与	#i=#j AND #k	#116=#10 AND #12
从BCD转为BIN	#i=BIN[#i]	用于PMC信号交换
从BIN转为BCD	#i=BCD[#i]	

5.3.3 宏程序中的控制指令

在宏程序中使用 GOTO 语句和 IF 语句可以改变控制的流向，有三种转移和循环操作可供使用。

1. 无条件转移(GOTO 语句)

指令格式：

GOTO n； n 为顺序号(n=1～99999)

此语句是程序转移到标有顺序号 n 的程序段，n 可以为表达式。

例如， GOTO 1；

GOTO 310；

2. 条件转移(IF 语句)

指令格式：

IF [〈条件表达式〉] GOTO n

如果指定的条件表达式满足时，转移到标有顺序号 n 的程序段。如果指定的条件表达式不满足时，执行下个程序段。表 5.4 所列为各种条件式种类。

表 5.4 各种条件式种类

运算符	含义
EQ	=
NE	≠
GT	>
GE	⩾
LT	<
LE	⩽

例 5.1 用宏程序计算数值 1～10 的总和。

程序如下：

O8100；	
#1=0；	储存和数变量的初值
#2=1；	被加数变量的初值
N1 IF[#2 GT 10] GOT0 2；	当被加数大于 10 时转移到 N2
#1=#1+#2；	计算和数
#2=#2+1；	下一个被加数
GOT01；	转到 N1
N2 M30；	程序结束

3. 循环(WHILE 语句)

指令格式：

```
WHILE [条件表达式] DOm; (m=1,2,3)
……条件满足
……
END m;
……
```

（条件不满足）

当指定的条件满足时，执行 WHILE 从 DO 到 END 之间的程序，否则，转而执行 END 之后的程序段。

例 5.2 用宏程序计算数值 1 到 10 的总和。

程序如下：

```
O0009；
＃1＝0；
＃2＝1；
WHILE [＃2 LE 10]  DO  1；
＃1＝＃1＋＃2；
＃2＝＃2＋1；
END 1；
M30；
```

5.3.4 宏程序的调用

在主程序中调用宏程序必须按照规定的格式。宏程序的调用方法有：非模态调用(G65)、模态调用(G66、G67)、用 G 代码调用宏程序、用 M 代码调用宏程序、用 T 代码调用宏程序。

1. 宏程序的非模态调用(G65)

宏程序的非模态调用指一次性调用宏主体，即宏程序只在一个程序段内有效。

指令格式：

G65 Pp Ll〈自变量指定〉；

其中：p 为要调用的宏程序号；l 为宏程序的调用次数，(默认值为 1)。

自变量指定：将变量数据传递到宏程序，(根据前述的自变量的两种指定方法)。

例如，主程序：

```
O0001；
  ⋮
G65 P8765 L2 A1.0 B2.0；调用宏程序号 O8765 两次，并给＃1 和＃2 赋值：
  ⋮                        ＃1＝1，＃2＝2
M30；
```

宏程序：

```
O8765;
#3=#1+#2
IF[#3 GT 360] GOTO 9;
G00 G91 X#3;
N9 M99;
```

例 5.3　编制一个宏程序加工圆环点阵孔群，如图 5.16 所示。

圆周的半径为 I，起始角 A，间隔角度为 B，钻孔数为 H，圆的中心坐标为(X,Y)。

首先确定自变量地址及变量的含义如下。

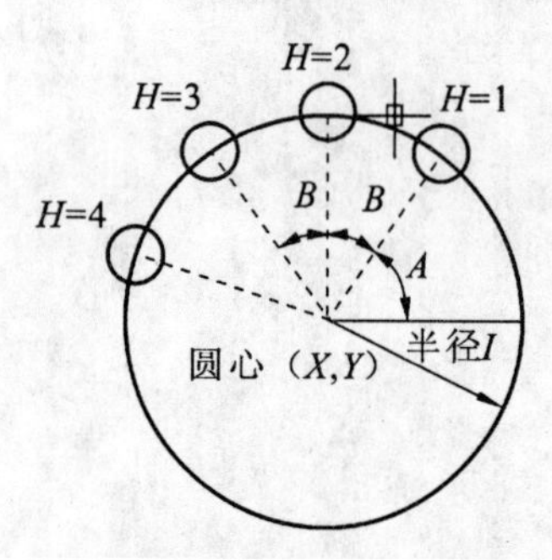

图 5.16　圆环点阵孔群图

X:圆心的 X 坐标(#24)

Y:圆心的 Y 坐标(#25)

Z:孔深(#26)

R:参考点坐标(#18)

F:切削进给速度(#9)

I:圆半径(#4)

A:第一孔的角度(#1)

B:增量角(顺时针加工时为负值)(#2)

H:孔数(#11)

调用格式:G65 P9200 Xx Yy Zz Rr Ii Aa Bb Hh;

```
主程序:O0010;
N010 G90 G92 X0 Y0 Z100.0;
N020 G65 P9200 X100.0 Y50.0 R30.0 Z-50.0 F500.0 I100.0 A0 B45.0 H5;
N030 M30;
宏程序:O9200;
#3=#4003;                   储存 03 组 G 代码,G90 或 G91
G81 Z#26 R#18 F#9;          调用 G81 钻孔循环
IF[#3 EQ 90] GOTO 1;        当前为 G90 方式则转移到 N1 段
#24=#5001+#24;              计算圆心的 X 坐标,#5001 值为 X 向的工件坐标偏
                              移值
#25=#5002+#25;              计算圆心的 Y 坐标,#5002 值为 Y 向的工件坐标偏移值
N1 WHILE[#11 GTO] DO 1;直到剩余孔数为 0
#5=#24+#4*COS[#1];          计算孔位的 X 坐标
#6=#25+#4*SIN[#1];          计算孔位的 Y 坐标
G90 X#5 Y#6;                移动到目标位置之后执行钻孔
#1=#1+#2;                   下一孔的角度
#11=#11-1;                  孔数减 1
END 1;
G#3 G80;                    返回原来的 G 代码状态
M99;
```

其中,#3:储存 03 组 G 代码;

#5:下个孔的 X 坐标;

#6:下个孔的 Y 坐标。

2. 模态调用

G66 执行宏程序的模态调用,机床在指定的多个位置循环执行宏程序;G67 取消宏程序的模态调用。

指令格式:

G66 Pp Ll〈自变量指定〉;

其中,p:要调用的宏程序号;

l:宏程序重复次数(默认为 1);

〈自变量指定〉:将变量数据传递到宏程序。

例如,

```
O0002;  主程序                      O9200;  宏程序
  ⋮                                   ⋮
G66 P9200 L2 A1.0 B2.0;             G00 Z-#1;
G00 G90 X100.0;                     G01 Z-32 F300;
Y200.0;                               ⋮
X150.0 Y300.0                       M99;
G67;
  ⋮
M30;
```

3. 其他宏程序调用方法

用 G 代码或 M 代码或 T 代码调用宏程序,需要在机床参数中设置调用宏程序的 G(M,T)代码。

例如,参数 No. 6050 对应的宏程序号为 O9010,如果编写了 O9010 宏程序,在 No. 6050 中设置值为 81,则用 G81〈自变量指定〉,即可调用 O9010 宏程序。即 G81 这一指令与"G65 P9010〈自变量指定〉"的执行结果是相同的。

关于 G 代码、M 代码或 T 代码这几种调用方法,因为与具体机床参数的设置有关,故不同控制系统以及同一系统的不同版本,在具体使用中会不尽相同,请读者具体结合相关机床参数资料进行应用。这里是按照 FANUC 数控系统来介绍的。

在前面一节中,介绍了数控系统的各种固定循环,能够大大简化编程过程。实际上它们就是机床制造商或系统生产商运用系统的宏程序功能为我们最终用户(机床使用者)编制的用途不同的宏程序。并通过参数设置,简化了宏程序的调用过程。如 G82 X_ Y_ Z_ R_ P_ F_ K_;本质是由 G82 调用锪镗循环宏程序,并通过 G82 后的自变量指定为宏程序中的变量赋值。与之相应的还包括机床的一些其他功能,比如加工工件的总时间统计、某把刀的使用总时间统计、总的加工件数、加工中心的换刀等,这些也都可以通过宏程序来实现。

5.3.5 宏程序编程实例

加工如图 5.17 所示凸半球面,走刀路线如图中所示,刀具为 10 mm 键槽铣刀,球半径为 30 mm。A 点为每层切入点,也是每层圆弧循环的起点和终点。

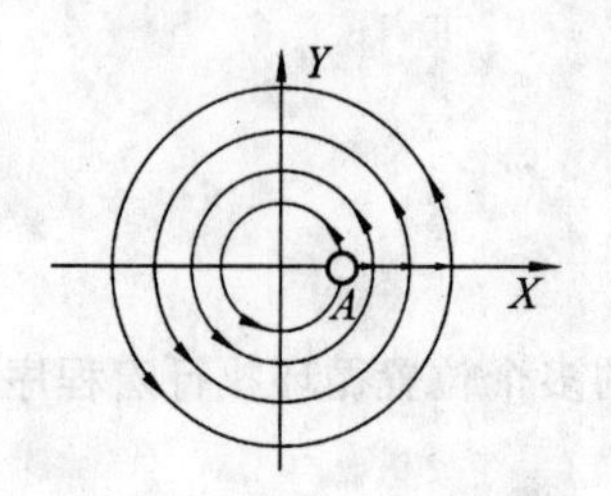

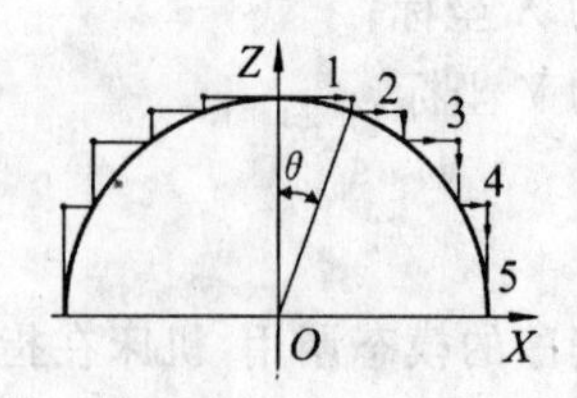

图 5.17　凸半球面图

程序如下：

```
00001
N10 G54 G90 G00 Z200;
N20 S500 M03;
N30 X0 Y0;
N40 Z35;
N50 #100=0;
N52 #101=30;
N53 #102=5;                          变量赋值，#100 为刀具与工件接触点的 X 坐
                                       标，#101 为球半径，#102 为刀具半径。
N60 #103=SQRT[#101*#101-#100*#100];
N65 #104=#100+#102;                  #103 为每次圆弧插补的 Z 向高度，#104 为
                                       每次圆弧插补的刀位点(刀具中心)的 X 坐标。
N70 G01 X#104 F100;                  定位至圆弧起点
N80 G01 Z#103;                       Z 向切入深度
N90 G03 I-#104 J0 F200;              执行圆弧插补
N100 #100=#100+0.5;                  计算下一层切削的圆弧起点 X 坐标，增量为
                                       0.5 mm。
N110 IF [#100 LE #101] GOTO 60;      X 坐标不大于球半径，则跳转至 N60 段执行，
                                       继续计算和加工。
N120 G00 Z200;
N130 M05;
N140 M30;
```

分析：使用宏程序的前提是待加工对象的几何形状有规律可循，曲面的铣削加工本质是用若干曲线来逼近曲面，在本例中是用若干直径不同的圆形线条所形成的包络线来逼近球面，#100、#101、#102 三个变量也可在机床系统控制面板中的参数画面下输入，则程序中的 N50 赋值语句可以省略。通过设定不同的变量值，可以实现用同一个程序加工各种半径和精度的圆球。本例实际是用平底刀加工半圆球的精加工程序，其他余量的去除(粗加工)需要多设一个跳转比较条件，读者可以自行编写，也可把图 5.17 中所示的圆心角的角度值设为变量，同样能够实现加工目的。

5.4 SIEMENS 系统宏程序应用

SIEMENS 系统的宏程序也称为变量编程，使一个 NC 程序不仅能适用于特定数值下的一次加工，也可以用变量计算出数值进行加工。这种变量称为计算参数(R 参数)。计算参数可以在程序中赋值，也可通过操作面板提前设定。如果参数已经赋值，则它们可以在程序中进行计算或被引用。

5.4.1 计算参数 R

1. 指令格式

R0=…到 R299=…(参数赋值)

计算参数赋值说明：赋值范围为 (0.000 0001 … 9999 9999)(8 位，带符号和小数点)，在取整数值时可以去除小数点。正号可以省去，如 R1=5，R2=-0.3。一个程序段中可以有多个赋值语句，也可以用计算表达式赋值。赋值时在地址符之后写入符号"="，角度计算单位为度。

2. 参数的计算

在进行参数运算时遵循通常的数学运算规则。圆括号内的运算优先进行，乘法和除法运算优先于加法和减法运算。

3. 编程举例

R 参数计算

```
N10 R1=R1+1 ;                                由原来的 R1 加上 1 后得到新的 R1
N20 R1=R2+R3 R4=R5-R6 R7=R8*R9 R10=R11/R12;
N30 R13=SIN(25.3) ;                          R13 等于正弦 25.3°
N40 R14=R1*R2+R3 ;                           乘法和除法运算优先于加法和减法运算
N50 R14=R3+R2*R1 ;                           与 N40 一样
N60 R15=SQRT(R1*R1+R2*R2) ;                  意义：R15= R12
```

5.4.2 程序跳转

1. 标记符——程序跳转目标

功能：标记符或程序段号用于标记程序中所跳转的目标程序段，用跳转功能可以实现程序运行分支。标记符可以自由选取，必须由 2～8 个字母或数字组成，其中开始两个符号必须是字母或下画线。跳转目标程序段中标记符后面必须为冒号，标记符位于程序段段首。如果程序段有段号，则标记符紧跟着段号。在一个程序段中，标记符不能含有其他意义。

程序举例：

```
N10 MARKE1:G1 X20 ;                MARKE1 为标记符，指定跳转目标程序段
```

```
    ...
TR789:G0 X10 Z20 ;              TR789 为标记符，跳转目标程序段没有段号
N100… ;                         程序段号也可以是跳转目标
```

2. 绝对跳转

功能：程序在运行时以写入时的顺序执行程序段，也可以通过插入程序跳转指令改变执行顺序。跳转目标只能是有标记符的程序段，绝对跳转指令必须占用一个独立的程序段。

指令格式：

GOTOF Label ；向前跳转（向程序结束的方向跳转）

GOTOB Label ；向后跳转（向程序开始的方向跳转）

其中，Label 用于标记跳转的字符串。

例如：

```
N10  G0  X…  Z…
…
N20  GOTOF  MARKE0           ;跳转到 MARKE0 段
…
N60  MARKE0: R1=R2+R3
N65  GOTOF  MARKE1           ;跳转到 MARKE1 段
…
MARKE2:X…  Z…
N100  M2
MARKE1: X…  Z…
…
N150  GOTOB  MARKE2          ;跳转到 MARKE2 段
```

3. 有条件跳转

功能：用 IF 条件语句表示有条件跳转。如果满足跳转条件，则进行跳转。跳转目标只能是有标记符的程序段。有条件跳转指令要求一个独立的程序段，在一个程序段中可以有多个条件跳转指令。

指令格式：

IF <条件> GOTOF <Label> ；向前跳转

IF <条件> GOTOB <Label> ；向后跳转

IF 条件语句常用的比较运算符如表 5.5 所示。

比较运算的结果有两种，一种为“满足”，另一种为“不满足”。“不满足”时，该运算结果为零。

例如：

```
(1) N10  IF  R1 <> 0 GOTOF  MARKE1    ;R1 不等于零时，跳转到
                                        MARKE1 段
    N20  …
    …
```

N100　IF R1>1 GOTOF　MARKE2　　;R1 大于 1 时，跳转到 MARKE2 段

…

N1000　IF R45==R7+1 GOTOB　MARKE3　　;R45 等于 R7 加 1 时，跳转到 MARKE3 段

表 5.5　IF 条件语句常用的比较运算符

运算符	意　义
==	等于
< >	不等于
>	大于
<	小于
>=	大于或等于
<=	小于或等于

(2) 如果一个程序段中有多个跳转条件，在第一个条件实现后就进行跳转。

N50　IF　R1==1　GOTOB　MA1　IF　R1==2　GOTOF　MA2…

在上例中，R1 等于 1 时，跳至 MA1 段，本段余下语句不予执行。

4. 程序跳转举例

如图 5.18 所示，已知以下条件，编程使刀具在圆周各点上依次定位。

起始角：30　　R1

圆弧半径：32 mm　　R2

位置间隔：10　　R3

点数：11　　R4

圆心位置，*Z* 轴方向：50 mm　　R5

圆心位置，*X* 轴方向：20 mm　　R6

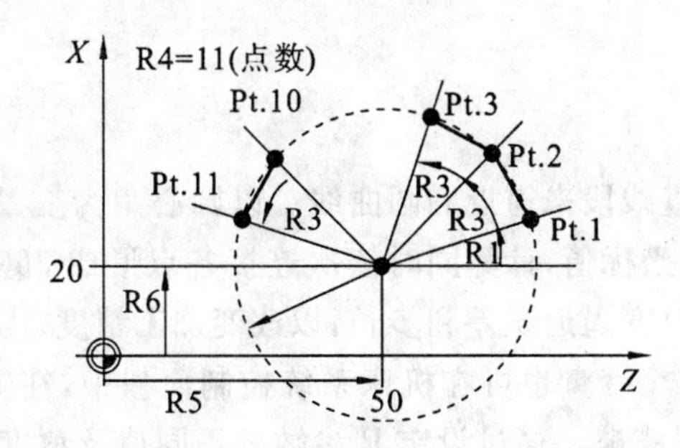

图 5.18　刀具在圆周各点上依次定位

编程如下：

N10 R1=30 R2=32 R3=10 R4=11 R5=50 R6=20 ;　　赋初始值

N20 MA1:G0 Z=R2 * COS(R1)+R5 X=R2 * SIN(R1)+R6 ;　　坐标轴地址的计算及赋值

```
N30 R1=R1+R3 R4=R4-1;
N40 IF R4>0 GOTOB MA1;
N50 M02;
```

说明：在程序段 N10 中给相应的计算参数赋值。在 N20 中进行坐标轴 X 和 Z 的数值计算并进行赋值。在程序段 N30 中 R1 增加 R3 角度；R4 减小数值 1。如果 R4＞0，则重新执行 N20，否则运行 N50。

5.4.3 变量编程实例

加工如图 5.19 所示椭圆轮廓，椭圆长轴为 200 mm，短轴为 140 mm，刀具为立铣刀。走刀路线如图所示。

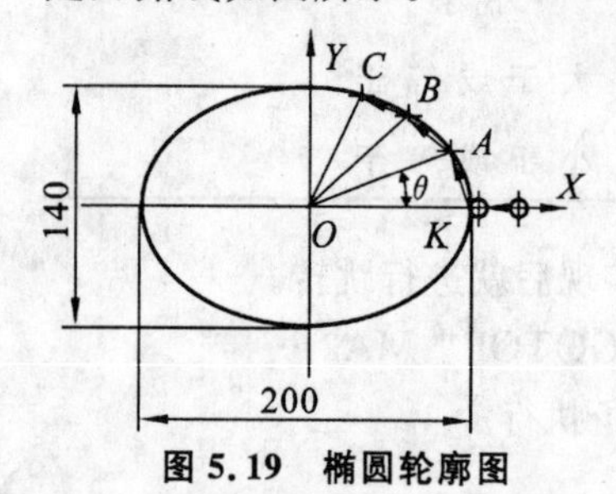

图 5.19 椭圆轮廓图

程序如下：

```
TUOYUAN. MPF
N10 G54 G90 G00 Z200;
N20 S500 M03;
N30 X70 Y0;
N40 Z10;
N50 R1=0 R2=100 R3=70;                     R参数赋值：R1为椭圆的圆心角(变量)，
                                                R2为椭圆长轴，R3为椭圆短轴
N60 R4=R2*COS(R1) R5=R3*SIN(R1);   计算刀位点坐标，R4为X坐标，R5为Y
                                                坐标
N70 G01 G42 D1 X=R4 Y=R5 F200;        刀具半径补偿，切入点为A点
N80 R1=R1+1;                                  角度增量为1，以计算下一个点的坐标
N90 IF R1=<360 GOTOB N60;                如果圆心角变量未大于360°，则跳转至
                                                N60重复执行刀位点计算及加工
N100 G00 Z200;
N110 M05;
N120 M30;
```

分析：本例中由若干直线段来逼近椭圆曲线。以圆心角为变量，增量值为 1°，计算各个圆心角对应的椭圆上点的坐标值，计算同时依次连接各点形成 360 段直线插补。可以改变 N80 中角度的增量，从而改变逼近误差和步长，以改变加工精度。

本例中 R1、R2、R3 三个变量也可在机床系统控制面板中，在 R 参数画面下输入，则程序中的 N50 赋值语句可以省略。通过设定 R 参数的不同值及角度增量的改变，可以实现用同一个程序加工各种尺寸和精度的椭圆。

使用宏程序的前提是待加工对象的几何形状有规律，本例中的规律即为椭圆的数学表达式，程序需要依照椭圆的参数方程编写。同理可以用宏程序加工出其他的曲线，如正圆、渐开线、摆线等。有一些非圆曲线虽然没有标准的参数方程，但可以利用做图规律求出最接近它们的形状，如抛物线、正弦曲线等。

5.5 加工中心综合编程实例

5.5.1 综合加工实例一

加工如图 5.20 所示壳体零件，根据工艺要求完成程序编制及机床加工。零件的下表面和底面中央大孔已经加工完成。要求：铣削上表面，保证尺寸 $60^{+0.2}_{0}$，铣槽宽 $10^{+0.10}_{0}$，槽深要求为 $6^{+0.1}_{0}$；加工四个 M10-7H 孔。

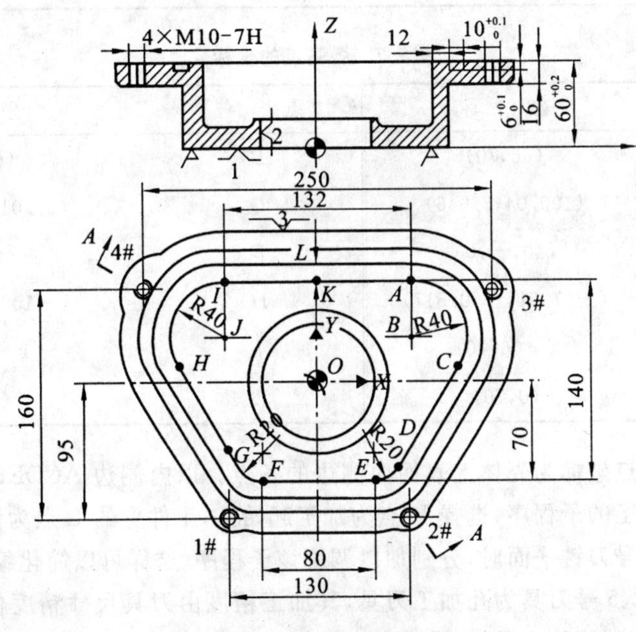

图 5.20　壳体零件图

1. 工艺刀具分析

采用零件底面、中央大孔和上部长侧边为定位基准，用螺栓压板夹紧工件。

(1) 用硬质合金端铣刀盘(直径 ϕ80)加工上表面。

(2) 用 ϕ3 中心钻预钻 4×M10-7H 的定位孔及铣槽下刀点的定位孔。

(3) 用 ϕ8.5 高速钢麻花钻钻 4×M10-7H 底孔并预钻铣槽时立铣刀的下刀孔。

(4) 用 ϕ18 麻花钻(顶角 90°)为 4×M10-7H 孔进行孔口倒角。

(5) 用 M10×1.5 丝锥攻 4×M10-7H 内螺纹。

(6) 用 ϕ10＋0.03 高速钢立铣刀铣槽。

刀具表如表 5.6 所示。

2. 程序编制

如图 5.20 所示，采用零件底面孔的中心为编程原点，可计算出各基点的坐标，如表 5.7 所示。

表 5.6 刀具表

刀具号	刀具类型	刀具直径	刀具编置号及编置种类
T1	硬质合金端铣刀盘	ϕ80	D1 长度,半径 17
T2	中心钻	ϕ3	D1 长度
T3	麻花钻	ϕ8.5	D1 长度
T4	(顶角 90°)麻花钻	ϕ18	D1 长度
T5	丝锥	M10×1.5	D1 长度
T6	立铣刀	ϕ10+0.03	D1 长度,半径 17

表 5.7 各基点的坐标

点位	坐标	点位	坐标
A	(66,70)	*B*	(66,30)
C	(100.04,8.946)	*D*	(57.01,−60.527)
E	(40,−70)	*F*	(−40,−70)
G	(−57.01,−60.517)	*H*	(−100.04,8.946)
I	(−66,70)	*J*	(−66,30)
K	(0,70)	*L*	(0,87)

此处计算的各点坐标为壳体上表面内侧边的各点。以内侧边 ACDEFGHIK 为编程轨迹编写一个轮廓加工的子程序,选择 K 点为加工起始点,工件上的 L 点为铣槽刀的下刀点。在 6 号刀铣槽和 1 号刀铣平面时,分别加以调用该子程序,这样可以简化编程。

2 号、3 号、4 号、5 号刀具为孔加工刀具,其加工精度由刀具尺寸精度保证,无需设置半径补偿,故其半径补偿值均为零,只设定长度补偿值。

6 号刀虽然铣槽时是一次成型,加工精度由刀具精度保证,但因为其实际运动轨迹为槽的中心线,与内侧边 ACDEFGHIK 这条子程序轨迹线之间的距离由图可知为 17 mm,故 6 号刀应通过刀具半径补偿使其实际轨迹相对编程轨迹偏移 17 mm,故 T6D1 的半径值应为 17 mm。

1 号为 ϕ80 端铣刀,其实际轨迹如为内侧边则无法加工整个上表面的宽度(四个耳朵处刀具直径覆盖不到上表面,会留下铣削不到的部分)。故实际轨迹应向外侧偏移一定距离,在此选择为 17 mm,使其实际运动轨迹与槽的中心线重合,即 T1D1 的半径值取为 17 mm。当然 T1D1 的半径补偿值也可为其他值,只要刀具直径将整个上表面宽度全部覆盖即可。

程序如下:

KETI. MPF	主程序
N10 M06 T1;	换上 ϕ80 铣刀盘
N20 G54 G90 D1 G0 Z100;	刀具定位至安全高度,调入刀具长度和半径参数
N30 S200 M03;	打开主轴

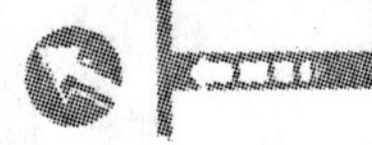

```
N40 X0 Y0;                              刀具定位至下刀点 O
N50 Z60.1;                              刀具定位至工作高度(此处取公差的中
                                          间值)
N60 G01 G41 Y70 F100;                   从 K 点切入工件,调用左补偿,使刀具
                                          偏移 17 mm
N70 ZHOUBIAN;                           调用铣槽加工子程序
N80 G40 Y0;                             返回 O 点,取消半径补偿
N90 M05;                                主轴停
N100 M06 T2;                            换上中心钻
N110 D1 G00 X-65 Y-95;                  调入中心钻的刀具参数,定位至1#孔
N120 S1000 M03 F200 M07;                打开主轴及切削液
N130 MCALL CYCLE82(80,60,3,55,,0.5);   模态调用钻孔指令
N140 ZUOBIAO;                           调用定义四个孔位点坐标的子程序
N145 X0 Y87;                            钻 L 点处定位孔
N150 MCALL;                             结束 CYCLE82 的模态调用
N160 M05 M09;                           主轴停,关闭切削液
N170 M06 T3;                            换 3 号刀(φ8.5 麻花钻)并
N180 S800 M03 F100 M07 D1;              调入 3 号刀的刀具参数
N190 MCALL CYCLE82(80,60,3,42,,05);    模态调用钻孔循环指令
N200 ZUOBIAO;                           调用孔位坐标子程序
N235 MCALL;                             取消模态钻孔指令
N210 G0 X0 Y87;                         定位至 L 点
N220 Z62;
N230 G01 Z54.5;                         钻铣槽时的下刀孔
N240 G0 Z100;
N250 M05 M09;
N260 M06 T4;                            换 4 号刀
N270 S200 M03 F100 D1 M07;
N280 MCALL CYCLE82(80,60,2,59,,0.5);   模态调用钻孔循环,1~4 号孔倒角
N290 ZUOBIAO;                           运行孔位坐标子程序
N300 MCALL;                             取消钻孔循环
N400 M05 M09;
N410 M06 T5;                            换 5 号刀具(丝锥)
N420 S60 M03 M07 F200 D1;
N430 MCALL CYCLE84(80,60,2,42,,
  1,3,5,,90,100,200);                   模态调用攻丝循环
N440 ZUOBIAO;                           运行孔位坐标子程序
N450 MCALL;                             取消攻丝循环
N460 M05 M09;
```

```
N470 M06 T6;                         换6号刀(立铣刀)
N480 S600 M03 M07 D1;
N490 G0 Z65;                         定位至接近高度
N500 X0 Y130;                        选择(0,130)为起始点
N510 G41 Y70;                        运动至(0,70)过程中调入半径补偿,定
                                     位至K点
N520 G01 Z54.05 F100;                按槽深的中间公差确定槽的切削深度
N530 ZHOUBIAN;                       运行铣槽子程序
N530 G00 Z100;
N540 M05 M09;                        主轴停,关闭切削液
N560 M30;                            程序结束
```

子程序：

```
ZHOUBIAN.SPF                         铣槽子程序
N10 X66Y70;                          从A点切入工件
N20 G02 X100.04 Y8.946 I0 J-40;      加工右上方R40圆孤
N30 G01 X57.01 Y-60.527;             切削至D点
N40 G02 X40 Y-70 CR=20;              加工右下方R20圆孤,采用CR(指定半
                                       径)方式编程,减少计算
N50 G01 X-40 Y-70;                   直线切削至F点
N60 G02 X-57.01 Y-60.517 CR=20;      加工左下方R20圆孤
N70 G01 X-100.04 Y8.946;             切削至H点
N80 G02 X-66 Y70 CR=40;              加工左上方R40圆孤
N90 G01 X0;                          加工至K点
N100 RET;                            返回主程序
ZUOBIAO.SPF                          1~4号孔的坐标子程序
N10 X-65 Y-95;                       1#孔坐标
N20 X65;                             2#孔坐标
N30 X125 Y65;                        3#孔坐标
N40 X-125;                           4#孔坐标
N50 RET;                             返回主程序
```

5.5.2 综合加工实例二

加工如图5.21所示凸轮零件,零件上下两个表面、周边四个面及$\phi20$孔已经加工完成。要求加工宽8 mm,深10 mm的凸轮槽及$4\times\phi8$通孔。

1.工艺分析

由图纸可知,该凸轮槽侧壁的加工精度要求较高,槽底为非配合面,加工精度要求较低。综合考虑加工精度、机床夹具 、刀具受力以及加工余量等因素确定采用以下方案。

(1) 采用直径 $\phi 20$ 孔、工件底面以及一个侧边为定位基准(如图中 1、2、3 所示),使用螺栓压板压紧工件,机床采用 FANUC 0i 系统的 XH714 立式加工中心。

(2) 用直径 $\phi 3$ 中心钻预钻 $4\times\phi 8$ 的定位孔,及铣槽立铣刀的下刀点定位孔。

(3) 用直径为 $\phi 8$ 的麻花钻加工 $4\times\phi 8$ 通孔及立铣刀下刀孔。

(4) 采用 $\phi 7.8$ 立铣刀,分两刀完成凸轮槽的粗加工。第一刀切深 5 mm,第二刀切深 4.95 mm,槽内两侧面及底面分别留 0.1 mm 精加工余量。

(5) 采用 $\phi 8$ mm 立铣刀,精加工两侧面及底面至图纸尺寸。

槽宽与孔径的加工精度由刀具精度保证,故各刀具只需设置长度补偿值即可,刀具参数如表 5.8 所示。

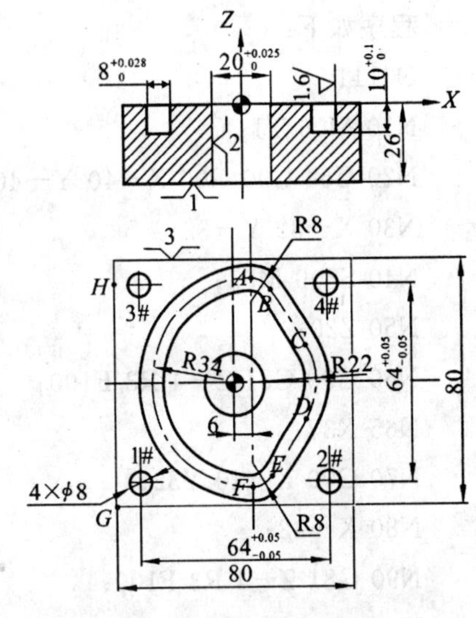

图 5.21　凸轮零件图

表 5.8　刀具参数

刀具号	刀具类型	刀具规格	刀具偏置号及偏置种类
T1	中心钻	$\phi 3$	H1 长度补偿
T2	麻花钻	$\phi 8$	H2 长度补偿
T3	麻花钻	$\phi 7.5$	H3 长度补偿
T4	立铣刀	$\phi 7.8$	H4 长度补偿
T5	立铣刀	$\phi 8$	H5 长度补偿

2. 程序编制

选择工件上表面的中心为工件原点编程,可计算出基点 ABCDEF 的坐标如表 5.9 所示。

表 5.9　ABCDEF 的坐标

点　位	坐　标　值	点　位	坐　标　值
A	(6,34)	D	(24.538,−11.846)
B	(12.741,30.308)	E	(12.741,−30.308)
C	(24.538,11.846)	F	(6,−34)
G	(−40,−40)	H	(−40,32)

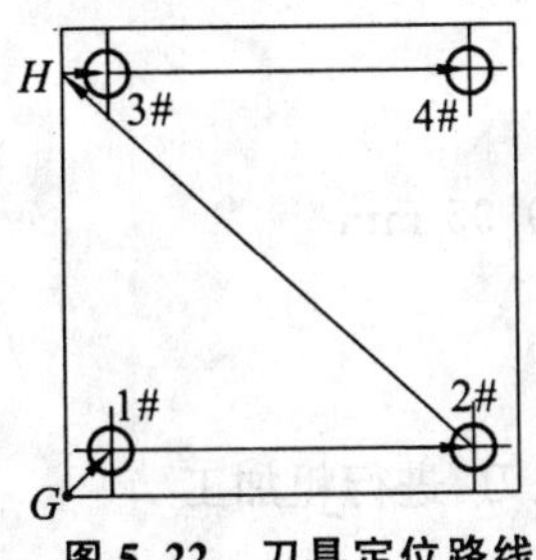

图 5.22　刀具定位路线

将铣槽轨迹作为子程序,在进行主程序中的两次粗加工和一次精加工时加以调用,这样可以简化编程。由于四个孔的位置精度要求较高(只有 0.1 mm),故钻孔时采用如图 5.22 所示的刀具定位路线,$G\rightarrow$1#$\rightarrow$2#$\rightarrow H\rightarrow$3#$\rightarrow$4#,以消除丝杠的反向间隙,提高定位精度。

程序如下：

O0111	主程序
N10 M06 T1；	换上 1 号刀(中心钻)，预钻各点定位孔
N20 G54 G90 G00 X－40 Y－40 G43 H1；	刀具定位至 G 点位置，调入刀具长度补偿
N30 X－32 Y－32；	运动至 1＃孔位置
N40 S800 M03；	打开主轴
N50 Z20；	定位至安全高度
N60 G99 G81 Z－4 R3 F100；	调用钻孔循环，钻 1＃孔的定位孔
N65 X32；	钻 2＃孔的定位孔
N70 G00 X－40 Y32；	刀具定位至 H 点
N80 X－32；	再定位至 3＃孔，以消除丝杠反向间隙
N90 G81 Z－4 R3 F100；	在 3＃孔位执行钻孔
N100 X32；	钻 4＃孔的定位孔
N110 X6 Y34；	钻铣槽刀的下刀点 A 的定位孔
N120 G00 Z100；	
N130 M05；	主轴停
N140 M06 T2；	换 2 号刀 $\phi 8$ 麻花钻
N150 G00 X－40 Y－40 H2；	刀具定位于 G 点
N160 S600 M03 M07；	打开主轴和切削液
N170 X－32 Y－32；	刀具运动至 1＃孔处
N180 Z20；	
N190 G99 G81 Z－30 R3 F100；	调用钻孔指令，钻 1＃通孔
N200 X32；	钻 2＃通孔
N210 G00 X－40 Y32；	刀具先定位于 H 点，消除丝杠反向间隙
N220 X－32；	刀具运动至 3＃孔
N230 G81 Z－30 R3 F100；	钻 3＃通孔
N240 X32；	钻 4＃通孔
N250 G00 Z100；	
N260 M05 M09；	关闭主轴和切削液
N270 M06 T3；	换 3 号刀 $\phi 7.5$ 麻花钻
N280 G00 X6 Y34 H3；	刀具运动至 A 点
N290 S600 M03 M07；	
N295 Z2；	
N296 G01 Z－9.95 F100；	钻 A 点下刀孔，深 9.95 mm
N300 G00 Z100；	
N310 M05 M09；	
N320 M06 T4；	换 4 号刀 $\phi 7.8$ 立铣刀，进行粗加工

```
N330 G0 X6 Y34 H4;              刀具运动至A点下刀,调入刀具长度参数
N335 S400 M03 M07;
N340 Z3;
N350 G01 Z-5 F60;               第一刀切深5 mm
N360 M98 P0010;                 调用铣槽子程序
N380 G01 Z-9.95;                第二刀切深至9.95 mm
N390 M98 P0010;                 调用铣槽子程序
N400 M05 M09;
N410 M06 T5;                    换5号刀φ8立铣刀,进行精加工
N420 G00 X0 Y34 H5;             从A点下刀,调入5号刀长度补偿
N425 S600 M03 M07;
N430 Z3;
N440 G01 Z-10.05 F60;           精加工孔深为公差的中间值
N450 M98 P0010;                 调用铣槽子程序
N455 G49 G00 Z100;              取消刀具长度补偿,提刀至安全高度
N460 M05 M09;
N470 M30;                       程序结束
O0010                           铣槽子程序
N10 G02 X12.741 Y30.308 R8;     切削A点到B点圆弧
N20 G01 X24.538 Y11.846;        切削至C点
N30 G02 Y-11.846 R22;           圆弧加工至D点
N40 G01 X12.741 Y-30.308;       切削至E点
N50 G02 X6 Y-34 R8;             切削E点至F点圆弧
N60 G02 X6 Y34 R34;             切削左侧R34圆弧
N70 M99;                        返回主程序
```

思考与练习题

5-1　结合掌握的工艺知识,说明如何对加工中心进行数控加工工艺性分析?

5-2　加工中心是如何分类的?

5-3　加工中心的刀库和机械手分别有哪几种? 各有何特点?

5-4　数控加工对刀具测量有哪些要求? 常用的找正器有哪几种?

5-5　如题 5-5 图所示零件,*A*、*B* 面已经加工好,在加工中心上加工其余表面,试确定定位和夹紧方案。

5-6　编写如题 5-6 图所示零件的加工程序,确定加工工艺路线,选择刀具,并采用镜像加工。

5-7　自选刀具和夹具,为题 5-7 图所示零件编写一个精铣四周轮廓的程序。

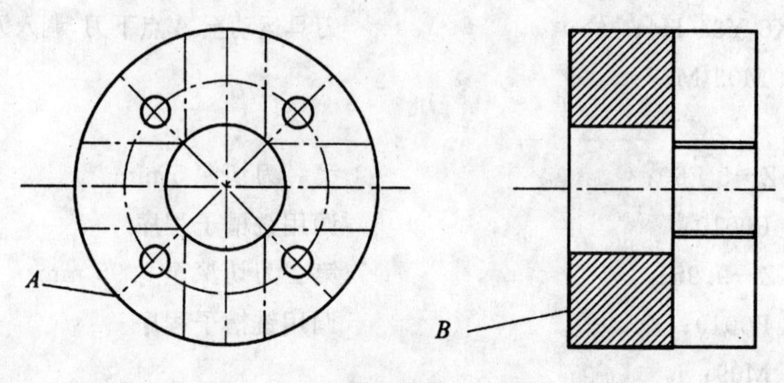

题 5-5 图

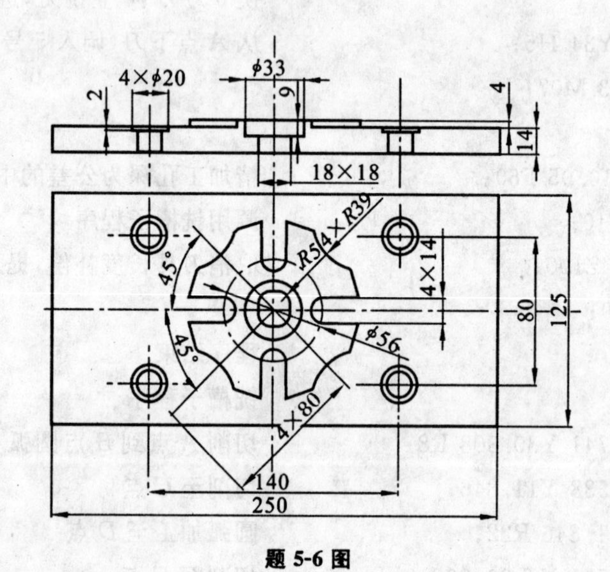

题 5-6 图

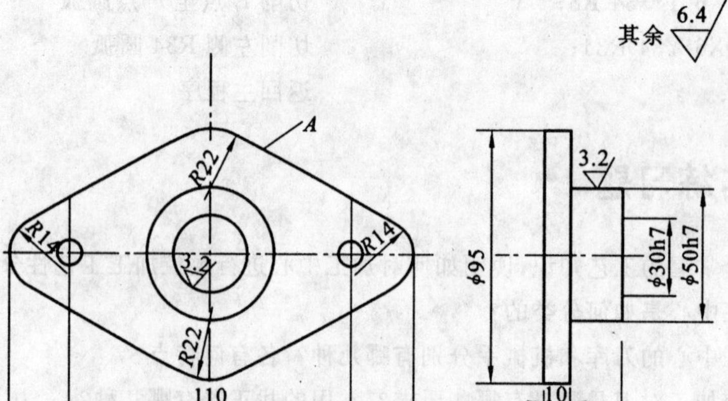

其余 6.4

A
R22
R14
R14
3.2
R22
110
158
φ95
3.2
φ30h7
φ50h7
10
30

题 5-7 图

参考文献

[1] 于春生,韩旻. 数控机床编程及应用[M]. 北京:高等教育出版社,2001.
[2] 吴祖育. 数控机床[M]. 上海:上海科学技术出版社,1998.
[3] 夏凤芳. 数控机床[M]. 北京:高等教育出版社,2005.
[4] 林其骏. 机床数控系统[M]. 北京:中国科学技术出版社,1991.
[5] 毕承恩等. 现代数控机床[M]. 北京:机械工业出版社,1993.
[6] 廖效果等. 数字控制机床[M]. 武汉:华中理工大学出版社,1996.
[7] 李佳等. 数控机床及应用[M]. 北京:清华大学出版社,2001.
[8] 明兴祖. 数控机床与系统[M]. 北京:中国人民大学出版社,2000.
[9] 杨有君. 数字控制技术与数控机床[M]. 北京:机械工业出版社,1999.
[10] 毕毓杰. 机床数控技术. 北京:机械工业出版社,1995.
[11] 方沂. 数控机床编程与操作[M]. 北京:国防工业出版社,1999.
[12] 顾京. 数控机床加工程序编制. 北京:机械工业出版社,2006.
[13] 顾京. 数控加工编程与操作[M]. 北京:高等教育出版社,2003.
[14] 刘战术等. 数控机床及其维护[M]. 北京:人民邮电出版社,2005.
[15] 李文忠等. 数控机床原理与应用[M]. 北京:机械工业出版社,2004.
[16] 惠延波. 加工中心的数控编程与操作技术[M]. 北京:机械工业出版社,2001.
[17] 刘书华. 数控机床与编程[M]. 北京:机械工业出版社,2001.
[18] 顾京. 数控机床加工程序编制[M]. 北京:机械工业出版社,1999.
[19] 徐祥泰. 数控加工编程实用技术[M]. 北京:机械工业出版社,2002.
[20] 高凤英. 数控机床编程与操作切削技术[M]. 南京:东南大学出版社,2005.
[21] 眭润舟. 数控编程与加工技术[M]. 北京:机械工业出版社,2004.
[22] 王志平. 数控机床及应用[M]. 北京:高等教育出版社,2002.
[23] 沈建峰,虞俊. 数控铣工——加工中心操作工(高级)[M]. 北京:机械工业出版社,2007.
[24] 韩鸿鸾. 数控铣工——加工中心操作工(中级)[M]. 北京:机械工业出版社,2006.
[25] 崔兆华. 数控车工(中级)[M]. 北京:机械工业出版社,2006.
[26] 沈建峰. 数控车工(高级)[M]. 北京:机械工业出版社,2006.
[27] 邓建新,赵军. 数控刀具材料选用手册[M]. 北京:机械工业出版社,2005.

图书在版编目(CIP)数据

数控加工编程与应用/王　军　王申银　主编. —武汉:华中科技大学出版社,2009年2月

ISBN 978-7-5609-5104-1

Ⅰ.数…　Ⅱ.①王…　②王…　Ⅲ.数控机床-程序设计　Ⅳ.TG659

中国版本图书馆CIP数据核字(2009)第004434号

数控加工编程与应用　　王　军　王申银　主编

策划编辑:张　毅

责任编辑:张　毅　　封面设计:刘　卉

责任校对:刘　竣　　责任监印:周治超

出版发行:华中科技大学出版社(中国·武汉)

武昌喻家山　邮编:430074　电话:(027)87557437

录　排:武汉正风图文照排中心

印　刷:武汉市新华印刷有限责任公司

开本:787mm×1092mm　1/16　印张:11　插页:2　字数:255 000

版次:2009年2月第1版　印次:2009年2月第1次印刷　定价:19.80元

ISBN 978-7-5609-5104-1/TG·99